DESIGN

PSYCHOLOGY

U0180305

"设计 一本通" 丛书

设计心理学

陈根 编著

電子工業出版社.

Publishing House of Electronics Industry

北京·BEIJING

内 容 简 介

本书从设计认识、人的设计心理认知、设计心理学研究、产品设计中色彩的设计心理认知、情感化设计、设计心理学的应用案例6个方面系统阐述了设计心理学的重点理论和方法，以期为产品设计提供借鉴、带来启发。

本书读者对象：从事设计、品牌管理、企业管理、市场营销、生产技术等相关工作的人员；欲进入设计行业的创业者、从业人员；设计、管理、营销等专业的师生。

未经许可，不得以任何方式复制或抄袭本书之部分或全部内容。

版权所有，侵权必究。

图书在版编目（CIP）数据

设计心理学 / 陈根编著 . —北京：电子工业出版社，2023.6
    （设计"一本通"丛书）
ISBN 978-7-121-45815-6

Ⅰ . ①设… Ⅱ . ①陈… Ⅲ . ①产品设计－应用心理学 Ⅳ . ① TB472-05

中国国家版本馆 CIP 数据核字（2023）第 108893 号

责任编辑：秦 聪   特约编辑：田学清
印   刷：中国电影出版社印刷厂
装   订：中国电影出版社印刷厂
出版发行：电子工业出版社
        北京市海淀区万寿路 173 信箱   邮编：100036
开   本：720×1000   1/16   印张：16.5   字数：264 千字
版   次：2023 年 6 月第 1 版
印   次：2023 年 6 月第 1 次印刷
定   价：98.00 元

凡所购买电子工业出版社图书有缺损问题，请向购买书店调换。若书店售缺，请与本社发行部联系，联系及邮购电话：(010) 88254888，88258888。
质量投诉请发邮件至 zlts@phei.com.cn，盗版侵权举报请发邮件至 dbqq@phei.com.cn。
本书咨询联系方式：(010) 88254568，qincong@phei.com.cn。

设计是什么？人们常常把"设计"一词挂在嘴边，如那套房子设计得不错、这个网站的设计很有趣、那把椅子的设计真好……即使不是专业的设计人员，人们也喜欢说这个词。2017 年，世界设计组织（World Design Organization，WDO）为设计赋予了新的定义：设计是驱动创新、成就商业成功的战略性解决问题的过程，通过创新性的产品、系统、服务和体验创造更美好的生活品质。

设计是一个跨学科的专业，它将创新、技术、商业、研究及消费者紧密联系在一起，共同进行创造性活动，并将需要解决的问题及提出的解决方案进行可视化，重新解构问题，研发更好的产品，建立更好的系统，提供更好的服务和用户体验，为产品提供新的价值和竞争优势。设计通过其输出物对社会、经济、环境及伦理问题的回应，帮助人类创造一个更好的世界。

由此可以理解，设计体现了人与物的关系。设计是人类本能的体现，是人类审美意识的驱动，是人类进步与科技发展的产物，是人类生活质量的保证，是人类文明进步的标志。

设计的本质在于创新，创新则不可缺少"工匠精神"。本丛书得"供给侧结构性改革"与"工匠精神"这一对时代"热搜词"的启发，洞悉该背景下诸多设计领域新的价值主张，立足创新思维；紧扣当今各设计学科的热点、难点和重点，构思缜密、完整，精选了很多与设计理论紧密相关的案例，可读性强，具有较强的指导作用和较高的参考价值。

随着生产力的发展，人类的生活形态不断演进，我们迎来了体验经济时代。设计领域的体验渐趋多元化，然其最终的目标却是相同的，就是为人类提供舒适且有质量的生活。传统消费观关注的是物，认为只要能够充分发挥物质效能的设计就是好的设计。而当今世界，了解人们的情感需求和情感渴望变成了品牌经营成功的关键，企业经营者必须采取明确的步骤与消费者建立更紧密的联系。设计越向高深的层次发展，就越需要设计心理学的理论支持。企业通过设计心理学的研究，可以了解与产品有关的用户的生活方式、情感生活、行为方式、使用方式，以及用户的想象、期待、喜好等，通过调查分析出用户的价值观念、需要、使用心理，还可以了解用户使用产品的操作过程和思维过程，从而发现用户的需要。

每个企业或品牌都应牢记：产品开发应做未来时，而不是做现在时和过去时；是刺激消费者的情感需求，而不是附和消费者的生存需求。企业应当在人们需要的时候，通过激动人心的场合，以一种迅速反应的方式将人们内心渴望的产品送到他们面前。而这一切都需要设计师充分发挥设计心理学的巨大功效，这同样是本书立意的根源。

本书从**设计认识、人的设计心理认知、设计心理学研究、产品设计中色彩的设计心理认知、情感化设计、设计心理学的应用案例** 6 个方面系统阐述了设计心理学的重点理论和方法，以期为产品设计提供借鉴、带来启发。

由于编著者的水平及时间所限，书中难免有不足之处，敬请广大读者及专家批评、指正。

编著者

CONTENTS **目录**

第 3 章　设计心理学研究　　　　　　　　　　　91

第4章　产品设计中色彩的设计心理认知　　150

第 1 章

设计认识

在以科学视角探究"设计"之前，请想想"设计"究竟是什么东西。人们常常把"设计"一词挂在嘴边，但是仔细思考之后，却很难说明它的意义。本章将介绍设计的诞生背景和设计心理学，试着整理出设计的真正意义。

1.1 设计概论

1.1.1 设计是什么

设计是什么？人们都在说"设计"，"设计"已然成了日常生活中常见的名词。即使不懂设计，人们也喜欢说这个词。

但是如果随便找个人问"设计是什么"，可能没几个人能回答出来吧！

"设计是表现形状与颜色的方法"，这种模棱两可的答案实在很难解释设计的本意。"设计"就是这样一个难以解释的名词。

从服装设计、汽车设计、海报设计等来看，设计大体来说就是思

设计的目标：设计是这样一项创造性活动——确立物品、过程、服务或其系统在整个生命周期中多方面的品质。

考产品的图案、花纹、形状，然后加以描绘或输出。目前广泛用于表示产品的形状（外观）。

"设计"这个词，英文是"Design"，原意是"以符号表示想传达的事情（计划）"。从"设计"一词的来源可以知道，设计原本不是指形状，而是比较偏向计划。在工业时代来临、人类可以大量生产物品之后，必须先提出计划，说明制作过程及成品形式。目前，设计在企业制造产品的过程中是不可或缺的主角，不但可以使企业的产品与其他企业的产品有所区别，而且是展现企业形象的工具。

生涯规划中的"规划"，也有"设计"生活的意义。人类不能光靠行动过活，要从经济与健康两个方面来拟订人生计划，并付诸行动才对。

不方便、不好用的东西都可以借助设计的力量来解决，设计是用来解决问题的好工具。所以，设计是"人之所以为人所不可或缺的元素之一"。

综上所述，设计既可以指一项活动（设计过程），也可以指这一活动或设计过程的结果（一个计划或一种形态）。这是经常引起人们理解混乱的根源，而媒体对该词的乱用更是加剧了这种混乱。它们用名词的"设计"来指原创性的形态（如家具或服装），而不会提到潜藏在其背后的创造性过程。

世界设计组织这个把许多专业设计师协会聚集在一起的组织对设计提出了如下定义。

设计是这样一项创造性活动——确立物品、过程、服务或其系统在整个生命周期中多方面的品质。这也是设计的目标。因而，设计是技术人性化创新的核心因素，也是文化和经济交换的关键因素。

设计是一项包含多种专业的活动，包括产品设计、服装设计、平面设计、室内设计和建筑设计等。设计师是具有卓越的形态构想能力和多学科专业知识的专家。

另外一个定义使设计的领域更接近工业和市场。

工业设计是一项专业性服务，它为了用户和制造商的共同利益，创造和发展具有优化功能、价值与外观的产品及系统。

——美国工业设计师协会（IDSA）

这个定义强调了设计在技术、企业与消费者之间协调的能力。

在设计师事务所中专门为企业及其品牌做包装和平面设计的设计师，更倾向于采用将设计与品牌、企业战略联系在一起的定义（见图1-1）。

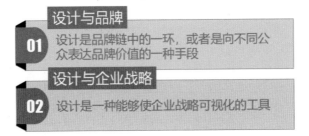

◎ 图1-1　设计与品牌、企业战略的关系

设计是科学还是艺术，这是一个有争议的问题，因为设计既是科学又是艺术，设计技术结合了科学方法的逻辑特征与创造活动的直觉和艺术特征。设计架起了一座科学与艺术之间的桥梁，设计师把这两个领域互补的特征看成是设计的基本原则。设计是一项解决问题的具有创造性、系统性及协调性特点的活动。

正如法国设计师罗杰·塔伦所说，设计师致力于思考与寻找系统的连续性和产品的合理性。设计师根据逻辑构想符号、空间或人造物以满足某些特定需要。每个摆到设计师面前的问题都需要受到技术制约，并与人机学、生产和市场方面的因素进行综合，以取得平衡。设计与管理类似，因为二者都是一项解决问题的活动，都遵循着系统的、逻辑的和有序的过程。

有关设计的定义及特征如表 1-1 所示。

表 1-1　有关设计的定义及特征

特征	有关设计的定义	关键词
解决问题	设计是一项制造可视、可触、可听等东西的计划。 ——彼得·高博	计划制造
创造	美学是在工业生产领域中关于美的科学。 ——丹尼斯·于斯曼	工业生产美学
系统化	设计是一个过程，它使环境的需要概念化并转变为满足这些需要的手段。 ——A. 托帕利安	需要的转化过程
协调	设计师永不孤立，永不单独工作，因而他永远只是团体的一部分。 ——T. 马尔多纳多	团队工作协调
文化贡献	明日的市场，消费类的商品会越来越少，取而代之的将是智慧型且具有道德意识，即尊重自然环境与人类生活的实用商品。 ——菲利普·斯塔克	语义学文化

设计是一门综合性极强的学科，涉及社会、文化、经济、市场、科技、伦理等诸多方面的因素，其审美标准也随着这些因素的变化而改变。设计作为一门新兴学科，以设计原理、设计程序、设计管理、设计哲学、设计方法、设计批评、设计营销、设计史论为

设计学科的体系：以设计原理、设计程序、设计管理、设计哲学、设计方法、设计批评、设计营销、设计史论为主体内容建立起了独立的理论体系。

主体内容建立起了独立的理论体系。设计既要具备艺术要素又要具备科学要素，既要有实用功能又要有精神功能，是为满足人的实用与美观需要进行的有目的性的视觉创造活动。设计既要有独创和超前的一面，又必须为今天的使用者所接受，即具有合理性、经济性和审美性。设计是根据人的有关美的欲望进行的技术创造活动，要求立足于时代性、社会性和民族性。

1.1.2　设计的分类

如今，随着科学技术的不断进步，以及现代工业的发展和社会精神文明的提高，设计在人类文化、艺术及新生活方式的需求下发展起来，是一门集科学与美学、技术与艺术、物质文明与精神文明、自然科学与社会科学于一体的学科。

设计是一个相当多元化的领域，既是技术的化身，也是美学的表现和文化的象征。设计行为是一种知识的转换、理性的思考、创新的理念及感性的整合。设计行为所涵盖的范围相当广泛，举凡与人类生活及环境相关的事物，都是设计行为所要发展与改进的对象。在 20 世纪 90 年代前，在学术界中一般将设计领域归纳为三大范围：产品设计、视觉设计与空间设计。这是依据设计内容所得出的包含平面、立体与空间元素的综合性分类描述。但到了 20 世纪 90 年代后，由于电子与数字媒体技术的进步与广泛应用，设计自然而然地产生了"数字媒体"领域，除原有的平面、立体和空间三元素外，又多了一项四维空间的时间性视觉感受表现

随着人类生活形态的演进，设计领域的体验渐趋多元化，然其最终的目标却是相同的，就是为人类提供舒适且有质量的生活。

元素。此四个设计领域各有其专业的内容、呈现的样式与制作的方法。

随着人类生活形态的演进，设计领域的体验渐趋多元化，然其最终的目标却是相同的，就是为人类提供舒适且有质量的生活。例如，产品设计的目标是为人类提供高质量的生活，包括家电产品、信息产品、交通工具和流行产品等；视觉设计的目标是为人类提供不同的视觉震撼效果，包括包装设计、商标设计、海报设计、广告设计、企业标志设计等；空间设计则可提升人类在生活空间与居住环境的质量，包括室内设计、展示空间设计、建筑设计、舞台设计、户外空间设计和公共艺术等；而数字媒体更是跨越了二维及三维空间的另一个层次的心灵、视觉、触觉与听觉的体验，包括动画、多媒体影片、网页、可穿戴设备等。

林崇宏在其所著的《设计概论——新设计理论与基础的思考方法》一书中指出，设计领域的多元化，在今日应用数字科技所设计的成果中，已超乎过去传统设计领域的分类。21世纪社会文化的急速变迁，使设计形态的发展趋势也随之改变。在新技术的推动下，必须重新界定新设计领域的分类，大概分为工商业产品设计（Industrial and Commercial Product Design）、生活形态设计（Lifestyle Design）、商机导向设计（Commercial Strategy Design）和文化创意产业设计（Cultural Creative Industry Design）四大类，如表1-2所示。

表 1-2　新设计领域的分类

设计领域	设计分类	设计参与者
工商业产品设计	电子产品：家电产品、通信产品、计算机设备、网络设备	电子设计师
	工业产品：医疗设备、交通工具、机械产品、办公用品	工业设计师
	生活产品：家具、手工艺品、流行产品、移动电话用品	软件设计师
	族群产品：儿童玩具、"银发族"用品、残障者用品	工程设计师
生活形态设计	休闲形态：咖啡屋、KTV、酒吧	平面设计师
	娱乐形态：网络游戏、购物、交友、电动玩具	工业设计师
	多媒体商业形态：电子邮件、商业网络、网络学习与咨询、移动电话网络	计算机设计师
商机导向设计	商业策略：品牌建立、形象规划、企划导向	管理师
	商业产品：电影、企业识别、产品发行、多媒体产品	平面设计师
	休闲商机：主题公园、休闲中心、健康中心	建筑师
文化创意产业设计	社会文化：公共艺术、生活空间、公园、博物馆、美术馆	艺术家
	传统艺术：表演艺术、古迹维护、本土文化、传统工艺	建筑师
	环境景观：建筑、购物中心、游乐园、绿化环境	环境设计师
		工业设计师

1.2　设计心理学

1.2.1　设计心理学的研究对象

心理学是研究人的心理现象及其发生、发展变化规律的科学。人的心理现象是非常复杂的，其表现形式也是多种多样的。为了研究方便，我们一般把它分为既相互区别又相互联系的两个方面，即心理过程和个性心理。

1．心理过程

心理过程是心理现象发生、发展的过程。心理过程一般经历发生、发展和结束的不同阶段。根据心理过程的形成和作用不同，可将其分为认知过程、情感过程和意志过程，简称知、情、意。

1）认知过程

认知过程是人的基本心理过程，是个体获取知识和运用知识的过程，是对作用于人的感觉器官的外界事物进行信息加工的过程，包括感知、记忆、思维、想象等。注意是人的心理活动或意识对一定事物的指向和集中。注意本身并不是一种独立的心理过程，它只是人的心理活动的一种伴随状态。在感知、记忆、思维、想象等认知过程中都有注意现象。

2）情感过程

人在认识和改造客观世界时，并不是无动于衷的。人们不仅要认识周围世界，还在认知过程的基础上对这个世界产生了这样或那样的态度，体验着喜、怒、哀、乐等情感，有时感到高兴和喜悦，有时感到气愤和憎恶，有时感到悲伤和忧虑，有时感到幸福和爱慕等（见图1-2）。情绪和情感是人脑对客观事物是否符合人的需要而产生的主观体验。

◎ 图1-2　人的不同情感表现

3）意志过程

人们不仅在不断地认识世界，产生情感体验，还在实践活动中改造世界。人们在实践活动中，拟订实践计划、做出决定、执行决定，以及为达到目的而克服各种困难的心理活动，在心理学中称为意志过程。简而言之，意志过程就是有意识地支配、调节行动，克服困难以达到预定目的的心理过程。

认知过程、情感过程和意志过程都有其自身的发生与发展过程，但它们不是彼此孤立的过程，它们之间有着密切的联系。认知是情感和意志产生的基础，情感对认知有巨大的反作用，是意志产生的催化剂。三者之间相互联系、相互促进，共同构成了人的心理过程，是统一的心理活动的不同方面。

2．个性心理

个性也称人格，是指一个人在生活与实践活动中经常表现出来的、比较稳定的、带有一定倾向性的个性心理特征的总和，是个体区别于他人的独特的精神面貌和心理特征。每个人的生活及其独特的发展道路形成了与众不同的个性。个性贯穿于人的一生，影响着人的一生。个性心理由个性心理特征和个性倾向性两部分构成。正是人的个性心理特征中所包含的能力、气质、性格，影响和决定着人生的风貌、人生的事业及人生的命运；正是人的个性倾向性中所包含的需要、动机、兴趣、理想、信念、价值观，指引着人生的方向、人生的目标和人生的道路。

1）个性心理特征

个性心理特征是指个体身上表现出来的，经常的、稳定的心理特征，主要包括能力、气质、性格，其中以性格为核心。首先，个性心理特征表现出极其稳定的特点，如能力的变化是缓慢的，因此它是相对稳定的。其次，个性心理特征是多层次、多侧面的，是由各种复杂的心理特征的独特结合构成的整体。这些层次包括，第一，顺利完成某种活动的、有潜在可能性的心理特征，即能力。第二，人的心理活动的典型的、稳定的动力特征，即气质。所谓心理活动的动力特征，是指心理过程发生的速度、强度、稳定性，以及心理活动的指向性。气质是性格的内在基础，是决定个性类型的基础。第三，完成活动的态度和行为方式的特征，即性格。性格是个性的外在表现，是显露的气质，是在社会实践中表现出来的对外界现实的基本态度和习惯的行为方式。个性心理特征中的各个成分不是孤立存在的，而是一个错综复杂、相互联系、有机结合的整体。

2）个性倾向性

个性倾向性是个体进行活动的基本动力，是个性结构中最活跃的因素。它决定着人对现实的态度、对认识活动的对象的趋向和选择。个性倾向性主要包括需要、动机、兴趣、理想、信念和价值观。它较少受生理、遗传等先天因素的影响，主要是在后天的培养和社会化过程中形成的。个性倾向性中的各个成分也不是孤立存在的，它们之间相互联系、相互影响、相互制约。其中，需要是个性倾向性乃至整个个性积极性的源泉，只有在需要的推动下个性才能形成和发展。动机、兴趣、理想和信念都是需要的表现形式。而价值观居于最高指导地位，指引和制约着人的思想倾向与整个心理面貌，是人的言行的总动力和总动机。由此可见，个性倾向性是以人的需要为基础、以价值观为指导的动力系统。

个性心理特征与个性倾向性在个体身上独特且稳定的结合，就构成了个体区别于他人的个性心理。个性心理是指在一定社会历史条件下的个体所具有的个性心理特征与个性倾向性的总和。

心理过程和个性心理总是密切联系在一起。一方面，心理过程是个性心理形成和发展的基础。人的个性心理通过心理过程而形成并在心理过程中表现出来。另一方面，已经形成的个性心理反过来制约着一个人心理过程的发展和表现，对心理过程有调节作用。事实上，不存在不具有个性心理的心理过程，也没有不表现在心理过程中的个性心理，二者是同一现象的两个不同方面。心理过程和个性心理既有区别，又相互联系、相互制约。

1.2.2 设计心理学的发展现状

现代设计心理学的雏形大致产生在 20 世纪 40 年代后期。首先，在第二次世界大战中，人机工程学和心理测量学等应用心理学得到迅速发展，并且在战后转向民用，实验心理学及工业心理学、人机工程学中很大一部分研究都直接与生产、生活相结合，为设计心理学提供了丰富的理论来源。其次，在进入消费时代之后，社会物质生产逐渐繁荣，盛行消费者心理和行为研究，促使设计成为产品生产中最重要的环节并出现了大批优秀的职业设计师。其中的代表人物是美国设计师德莱福斯，他率先以诚实的态度来研究人的需要，为人的需要而设计并开始有意识地将人机工程学理论运用到工业设计中。德莱福斯所著的《为人的设计》一书，介绍了设计流程、材料、制造、分销及科学中的艺术等。书中的许多内容都紧密围绕针对消费者心理的研究展开，他不仅是"人性化设计"的先驱，其针对消费者心理的研究更是设计心理学研究的发端。

1961 年，管理学家赫伯特·西蒙撰写了现代设计心理学中最重要的著作之一《人工科学》。他的核心思想是"有限理性说"和"满意理论"，他认为人的认知能力有限，人不可能达到最优选择，而只能"寻求满意"。他将复杂的设计创造思维活动划分为问题的求解活动，其理论为人工智能、智能化设计、机器人等研究领域提供了重要的依据，初步界定了设计心理学以"有限理性"和"满意原则"为研究内容的基本理论。

认知科学和心理学家唐纳德·诺曼为现代设计心理学及可用性工程做出了杰出的贡献，他于 20 世纪 80 年代撰写了《日常用品的设计》一书，成为可用性设计的先行之作，他在书的序言中写道"本书侧重研究如何使用产品"。虽然诺曼率先关注产品的可用性，但他同时提出不能因为追求产品的可用性而牺牲艺术美，他认为设计师应设计出"既具创造性又好用，既具美感又运转良好的产品"。2005 年，他又写了第二本设计心理学方面的著作《情感化设计》。这次，他将注意力转向了设计中的情感和情绪。他根据人脑加工信息的 3 种水平，将人们对于产品的情感体验从低级到高级分为 3 个阶段（见图 1-3）。

◎ 图 1-3 产品情感体验的 3 个阶段

内脏控制阶段（本能阶段）是人类的一种本能的、生物性的反应，反思阶段有高级思维活动参与，有记忆、经验等控制的反应，而行为阶段则介于两者之间。他提出的 3 个阶段对应了设计的 3 个方面，其中内脏控制阶段对应"外形"，行为阶段对应"使用的乐趣和效率"，反思阶段对应"满意度和记忆"。

目前，我国对设计心理学的研究尚处于起步阶段。研究设计心理学的专家按照专业背景的不同，可以分成两类：一类是接受了系统的设计教育，对与设计相关的心理学研究有浓厚兴趣，并通过不断扩充自己的心理学知识，而成为会设计、懂设计，主要为设计师提供心理指导的专家；另一类是以心理学为专业背景，专门研究设计领域的活动的应用心理学家，其学术背景的心理学专业色彩较浓，通过补充学习一定的设计知识（了解设计的基本原则和运作模式），在心理学研究中有较高的造诣。前者具有一定的设计能力，在实践中能够与设计师很好地沟通，是设计师的"本家人"。较一般的设计师而言，他们具有更丰富的心理学知识，能够更敏锐地发现设计心理学问题，并能运用心理学知识调整设计师的状态，提出更好的设计创意，是设计师的设计指导和公关大使，在设计活动的开展过程中充当顾问角色，比设计师看得更远、更高。由于其特殊的知识背景，他们可以在把握设计师创意的同时调整设计，兼顾设计师的创意和客户的需求，更易被设计师接受。后者是心理学家，对心理学研究的广度和深度都优于前者，但若不积累一定层次的设计知识，则很难与设计师沟通。他们在采集设计参考信息、分析设计参数、训练设计师方面有前者不可比拟的优势。现在许多设计项目都是以团队的形式进行的，团队中有不同专业的专家，他们专长于某一学科的知识，同时具有一定的设计能力，可以从专业的角度提出对设计方案的独到见解并提供必要的参考资料。心理学家也是其中的一员，负责辅助、协助设计师进行设计。而为了与其他专业的专家沟通，设计师的知识构成中也应包括其他学科的一些必要的相关知识。在设计团队中，设计师与其他专业的专家构成一种相互依赖的关系。由于设计师不可能精通方方面面的知识，因此与其他专业的专家在不同程度上进行协作十分必要。设计创造思维的训练则主要由心理学家来指导进行，因为其拥有专业知识，在训练方法、手段和结果测试方面的作用更突出。总而言之，前者以设计指导的角色出现，主要负责指导设计，把握设计效果。从某种意义上说，他们仍然是设计师。后者主要进行心理学的研究，研究的范围锁定在设计领域，更关注对人的研究。目前存在的一个问题是，在对设计心理学的研究中，心理学与设计学的结合还不够紧密，针对性还不够强。

对消费者和设计师的双重关注，使设计心理学在培养设计师、为企业增加效益、以设计打开市场、获取高额利润方面有不可估量的重要作用。各设计专业的心理学研究有的已经很成熟了，有的则刚刚起步，只能随着设计心理学的发展而发展。目前存在的另一个问题是，部分来自调研、设计、销售等实践环节的经验，由于缺乏严谨的心理学和设计学的理论作为基础，而常常停留在现象层次，没有上升到理论高度。

设计是一个艰苦创作的过程，与纯艺术领域的创作有很大的差别，必须在许多限制条件下综合进行。因此，积极发展有特色的设计创造思维是设计心理学不可或缺的内容。传统消费观关注的是物，认为只要能够充分发挥物质效能的设计就是好的设计。现代消费观越来越关注人对设计的要求和限制，越来越多的人成为设计最主要的决定因素，人们不但要求获得产品的物质效能，而且迫切要求满足自身的心理需求。设计越向高深的层次发展，就越需要设计心理学的理论支持。而设计是一门尚未完善的学科，研究的方法和手段还不成熟，主要依靠和运用其他相关学科的研究理论及方法手段。对设计心理学的研究也是如此，主要利用心理学的实验方法和测试方法来进行。

可见，对设计心理学进行研究是必要且迫切的，设计心理学还有很大的发展空间，需要在建立设计心理学的框架后细分设计心理学的内容，使其更专业化、更完善，这有待于设计师和心理学家的共同努力。

经过多年的研究，心理学的内涵及外延在不断地扩大和充实，形成了多方位的心理学研究领域（见图 1-4）。

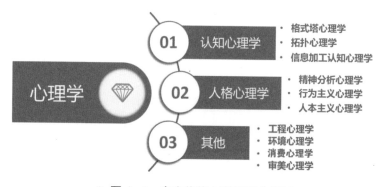

◎ 图 1-4　多方位的心理学研究领域

格式塔心理学：强调经验和行为的整体性，认为感知到的东西要大于单纯的视觉、听觉等，个别元素不决定整体，相反局部却决定整体的内在特性。

1. 认知心理学

1）格式塔心理学

格式塔（Gestalt）可以直译为"形式"，一般被译为"完形"，格式塔心理学又称完形心理学。1912年，韦特海默在似动现象的基础上创立了格式塔心理学，该学派的代表人物还有考夫卡和苛勒。它始于视觉领域的研究，但又不限于视觉领域及整个感知觉领域，而是包括学习、回忆、情绪、思维等许多领域。它强调经验和行为的整体性，认为感知到的东西要大于单纯的视觉、听觉等，个别元素不决定整体，相反局部却决定整体的内在特性。

格式塔心理学是设计心理学最重要的理论来源之一，其主要研究内容与意义如图1-5所示。

1 格式塔心理学揭示了人的感知规律，特别是占主要地位的视知觉。不同于我们一般认为的必须通过"较为高级"的理性思维进行加工分析，它强调视知觉本身就具有"思维"能力。视知觉并不是对刺激物的被动重复，而是一种积极的理性活动。人的视知觉能直接选择、组织和加工所看到的各种图形

2 格式塔心理学发现的大量的视知觉（主要是视觉）规律，对于设计实践具有重要的价值

3 格式塔心理学提出审美对象的形体结构能唤起人的情感，即所谓的"异质同构"

4 格式塔心理学认为艺术创作是一种过程，设计师对于理想的形象构图的创造和追求，是不断逼近、不断清晰和不断完善的过程

◎ 图1-5　格式塔心理学的主要研究内容与意义

图 1-6 所示为格式塔心理学关于"形"的八大设计原则。

1	图形与背景的关系原则	5	延续原则
2	接近或邻近原则	6	熟悉性原则
3	相似原则	7	连续性原则
4	完整和闭合原则	8	知觉恒常性原则

◎ 图 1-6　格式塔心理学关于"形"的八大设计原则

◎ 图 1-7　图形与背景的关系
　　　　　原则

（1）图形与背景的关系原则。

当我们观察的时候，会认为有些物体或图形比背景更加突出（见图 1-7）。

（2）接近或邻近原则。

空间上彼此接近的部分，因距离较短或互相接近，容易被认为是一个整体（见图 1-8）。

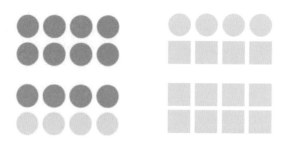

◎ 图 1-8　接近或邻近原则

（3）相似原则。

与邻近度相同，相似度也是资讯架构规划的一大"利器"。相似度就是人类会将特质相似的物品视为同一个组群。而"特质相似"在视觉上，主要有颜色、形状、大小和肌理 4 个不同的元素可供运用。在这 4 个元素之中，颜色是最具凝聚力量的一种元素。从图 1-9 的范例中就可以看出来，尽管各个图形的大小和形状都不同，但只要颜色相同，就很容易将它们挑出来归类为同一个组群。

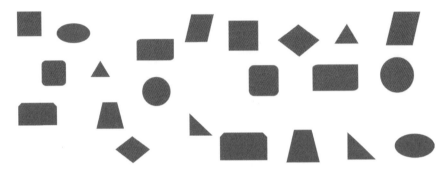

A 散乱排布的不同颜色、大小和形状的图形　　B 颜色相同的图形会被归类为同一个组群

◎ 图 1-9　相似原则

（4）完整和闭合原则。

直觉印象随环境而呈现最为完善的形式。彼此相属的部分容易组成整体；反之，彼此不相属的部分则容易被隔离开来（见图 1-10）。

◎ 图 1-10　完整和闭合原则

（5）延续原则。

延续原则又称共同方向原则、共同命运原则。如果一个对象中的一部分都向共同的方向移动，那这些共同移动的部分就易被感知为一个整体。例如，在海中畅游的鱼群或在草原上奔跑的羊群，会被认为是一个整体（见图1-11）。

◎ 图1-11　延续原则

（6）熟悉性原则。

人们在对一个复杂对象进行感知时，只要没有特定的要求，就会常常倾向于把复杂对象看作有组织的、简单的、规则的内容或图形。如图1-12所示，按照熟悉性原则很容易想当然地将它看成"A BIRD IN THE HAND"。

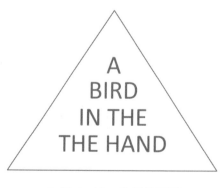

◎ 图1-12　熟悉性原则

（7）连续性原则。

如果一个图形的某些部分可以被看作是连接在一起的，那么这些部分就相对容易被我们感知为一个整体。如图1-13所示，按照连续性原则更容易将它看成两个圆形的部分重叠。

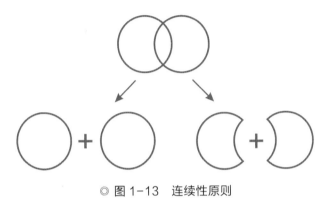

◎ 图1-13　连续性原则

（8）知觉恒常性原则。

人们总是将世界感知为一个相当恒定及不变的场所，即从不同的角度看同一个东西，落在视网膜上的影响是不一样的，但是我们不会认为是这个东西变形了。恒常性包含明度、颜色、大小、形状的恒常性，如图1-14中的"门"。

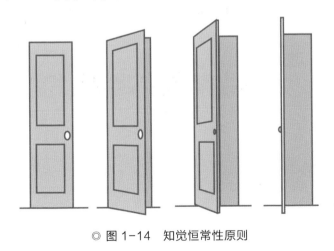

◎ 图1-14　知觉恒常性原则

拓扑心理学：注重对行为背后的意志、需要和人格的研究，试图用心理学的知识解决社会实际问题，它的研究范围超出了格式塔心理学原有的视知觉研究范围，是格式塔心理学的重要补充，为社会心理学的研究开辟了新的道路。

2）拓扑心理学

拓扑心理学是在拓扑图形学的基础上发展起来的一种学科，代表人物是德国心理学家勒温。拓扑心理学注重对行为背后的意志、需要和人格的研究，试图用心理学的知识解决社会实际问题，它的研究范围超出了格式塔心理学原有的视知觉研究范围，是格式塔心理学的重要补充，为社会心理学的研究开辟了新的道路。

（1）心理动力场理论。

勒温提出，心理环境是实际影响一个人发生某一行为的心理事实（有时也称时间）。这些心理事实主要由3个部分组成（见图1-15）。

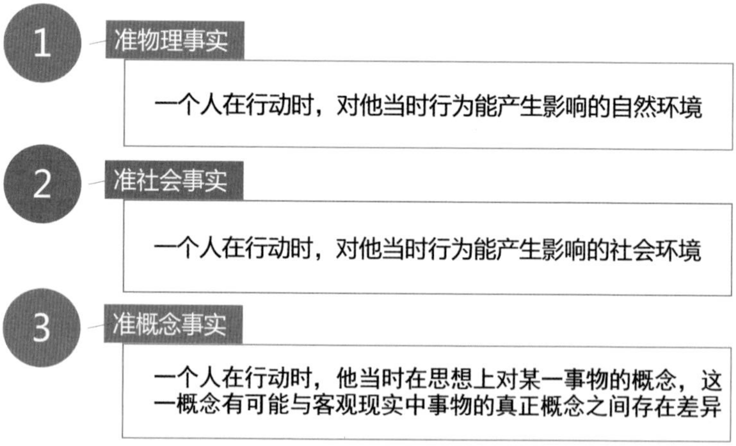

1 准物理事实
　一个人在行动时，对他当时行为能产生影响的自然环境

2 准社会事实
　一个人在行动时，对他当时行为能产生影响的社会环境

3 准概念事实
　一个人在行动时，他当时在思想上对某一事物的概念，这一概念有可能与客观现实中事物的真正概念之间存在差异

◎ 图 1-15　心理事实的 3 个组成部分

在这里，勒温提出了所谓的"准事实"，他想借用这个概念来说明影响一个人行为的事实并非客观存在的全部事实，而是指在一定时间、一定情境中具体影响一个人行为的那部分事实。

信息加工认知心理学：核心是将人的思维活动认同为信息加工的过程。

（2）心理生活空间。

为了更好地说明心理动力场，勒温又提出了新的概念——心理生活空间，有时也简称生活空间。按勒温的说法，心理生活空间可以分为若干区域，各区域之间有边界阻隔。个体的发展总是在一定的心理生活空间中随着目标有方向地从一个区域向另一个区域移动。心理生活空间是一个心理场，是一个人运动于其中的那个空间。勒温认为，心理生活空间的每一部分都可以有一个区域，各区域没有数量和大小的区别，但有质的规定。心理生活空间包括自己、他人和觉察到的对象。心理生活空间按边界划分区域，每个区域可以看成一个心理事实。

这些理论提示我们，当研究设计中的主体的心理时，要特别重视环境因素对于人的心理状况及行为的影响和制约。设计物不仅是作为相对于主体的客体环境的组成部分对主体心理存在重要影响，并且其与人的交互活动本身也受到其他环境因素的影响和制约。拓扑心理学是近年来逐步发展的应用心理学——环境心理学的主要理论来源。

3）信息加工认知心理学

信息加工认知心理学是 20 世纪 50 年代中期在西方兴起的一种心理学思潮，其研究涉及人的认知的所有方面。1967 年，美国心理学家奈瑟尔所著的《认知心理学》一书的出版，标志着信息加工认知心理学已成为一个独立的流派。其主要代表人物是跨越心理学与计算机科学领域的专家艾伦·纽厄尔和赫伯特·西蒙。信息加工认知心理学的核心是将人的思维活动认同为信息加工的过程，这一加工过程与计算机处理信息的过程极为相似，都是"输入—加工—输出"的过程。其主要目的是解释人类的复杂行为，如概念形成、问题求解等。但与其他同样侧重研究人类复杂行为的心理学流派（如格式塔心理学和新行为主义心理学）不尽相同，"认知心理学主要研究从低级的感知到高级的记忆、思维的流动"，因此它使心理过程的研究领域扩大，使心理实验从对心理物理函数的获取走向对内部心理机制的探索。

信息加工认知心理学以人的认知过程为研究对象，把人看成类似于计算机的信息加工系统，试图用信息加工的观点来说明各自的具体研究对象。

首先，认知是信息加工的过程。持有这种观点的心理学家在信息加工认知心理学中占优势地位。他们认为，认知是输入、变换、简化、加工、存储、恢复和使用信息的全过程。他们强调信息在体外的流动过程，并试图通过计算机程序来模拟人的认知过程。

其次，认知是问题解决的过程。持有这种观点的心理学家把问题解决作为认知的核心，认为认知是利用外部和内部信息解决问题的过程。由于这种观点把认知仅局限于问题解决领域，缩小了信息加工认知心理学的研究范围，因而遭到一些心理学家的反对。

最后，认知主要是指思维。持有这种观点的心理学家认为，认知主要是指思维，包括言语思维、形象思维等。他们把思维作为主要的研究对象，以探索思维活动的特点、规律和模式为根本任务。这种观点在信息加工认知心理学中占很大一部分市场。

认知心理学的观点和模型可以分析与解释设计过程及产品使用过程中出现的许多心理现象。例如，人机系统模型常常在人机界面设计中使用；消费者行为模型常常在消费者行为分析中使用；还有消费者动机模型及在视觉传达设计中使用的信息传达模型等。此外，认知心理学中的知觉理论、模式识别、注意、记忆、问题求解等内容也可以广泛运用于设计心理学的各种研究中。

2. 人格心理学

1）精神分析心理学

精神分析学派产生于 19 世纪末，是四大心理学取向之一。精神分析学派的主要代表人物是弗洛伊德和荣格。最初，它主要是一种探讨精神病病理机制的理论和方法。它对人心理活动内在机制的关注，以及对人格和动机等方面的崭新观点，给心理学界带来了巨大的冲击和影响。到了 20 世纪 20 年代，它已经渗透到社会科学的各个领域，并发展成"新精神分析学派"，成为包罗万象的人生哲学。精神分析学派承认人的无意识的存在，以及无意识对人行为的驱动作用，但其各个代表人物又从自己的理解出发，对无意识的形成和结构做出了不同的解释。

精神分析学派的创始人弗洛伊德把人的心理结构分成 3 个领域，即意识、前意识和无意识（潜意识）。这就是大家比较熟悉的"冰山理论"，即人的意识就像一座冰山，露出水面的只是一小部分（意识），而隐藏在水下的绝大部分（无意识）却对其余部分（意识和前意识）产生影响。

人的有些心理活动是能够被自己觉察到的，只要我们集中注意力，就会发觉内心不断有一个个观念、意识或情感闪过，这种能够被自己觉察到的心理活动叫作意识。意识与前意识在功能上接近。例如，某一目前属于意识的内容，当不再注意它时，它就不再是有意识的了，当注意它时，它又是有意识的了。前意识使之变成能够被意识到的东西。例如，我们对待特定经历或特定事实的记忆不是一直能够意识到的，而是一旦有必要就能突然回忆起来。一些本能的冲动、被压抑的欲望却在不知不觉的潜在境界里发生，因不符合社会道德和本人的理智，而无法进入意识被个体所觉察。这种潜伏着的无法被觉察的冲动、欲望等心理活动称为无意识。前意识处于无意识和意识之间，担负着"稽查者"的任务，严密防守，把住关口，不许无意识的冲动和欲望随便进入意识之中。但是当"稽查者"丧失警惕时，有时被压抑的冲动和欲望也会通过伪装而迂回地渗透到意识之中。在弗洛伊德看来，无意识在人的精神生活中占主要地位。精神分析学派所研究的对象应当是无意识的内容，而不是仅限于对意识内容的研究。

弗洛伊德认为，人格可以分为"本我""自我""超我"。"本我"是人格中与生俱来的最原始的无意识结构部分，是人格形成的基础。"本我"是趋乐避苦的，为快乐原则所支配，无节制地寻找满足感的随时实现而不考虑后果，这种快乐特指性、生理和感情的快乐。它是无意识的，不被个体所觉察。"本我"是人格深层的基础和人类活动的内驱动力。"本我"这一概念是精神分析学派的理论基石。"自我"是在"本我"的基础上发展起来的，是人格的管理和执行机构。"自我"要同时满足现实、"本我"和"超我"的要求，并在三者之间进行协调。"自我"遵循现实原则活动，其基本含义是对生存条件的适应与服从。"超我"代表良心、社会准则和自我理想，是人格的高层领导。它按照至善原则行事，其功能是监督"自我"去限制"本我"的本能冲动。"超我"的监督作用是由自我理想和良心实现的。

荣格是另外一位著名的精神分析学派的心理学大师，他进一步发展了弗洛伊德的"无意识"理论，提出人类社会中艺术创作的推动力、艺术素材的源泉、艺术欣赏的本源都与人类深层心理中的"集体无意识"及其原型密不可分。荣格描绘了两种水平的无意识心灵。

在人们的意识觉察之下的是个人无意识，它包含在个人生活中被压抑或被遗忘的记忆、冲动、欲望、模糊的知觉和其他一些经验。个人无意识隐藏得并不深。来自个人无意识的事件可以很容易地返回到意识觉察水平。个人无意识中的经验群集成情结。情结是一种有着共同主题的情绪和记忆模式。通过专注于某些观念，一个人表现出某种情结，因而影响着行为表现。因此，情结在本质上是整个人格中较小的人格。

在个人无意识之下的是集体无意识，它是个体不了解的。集体无意识中包含着以往各个时代累积的经验，包括人们的动物祖先遗留下来的那些经验。这些普遍性的、含进化性质的经验形成了人格的基础。但是请记住，集体无意识中的那些经验是无意识的。它们不像个人无意识中的那些内容，人们并不能觉察到它们，也不能回忆起或表现出它们的表象。

与现代心理学崇尚实证的取向不同，弗洛伊德、荣格的理论对艺术和艺术创作的解释具有浓厚的思辨色彩，显得含糊和神秘。但是，它是唯一涉及人的无意识行为之下的潜在动因的心理学流派，对于我们理解设计的消费者（用户）的潜在需要，以及设计师的创意来源具有重要意义。

从精神分析心理学的研究中我们可以发现，设计师通过对产品功能、结构等客观条件的把握和分析，能够运用一定的设计原则进行最优化设计。同时，设计还需要相当程度的艺术创造，那一部分更多地涉及设计师的“无意识”过程，其他心理学理论均缺乏对这一过程的解释和分析。因此，有些研究者开始运用精神分析心理学的理论和研究方法，来挖掘消费者的潜在需要。基于这种认识，有些营销专家和设计师相信通过分析消费者的潜在需要，可以利用外观、包装、广告、环境等设计要素刺激消费者，唤醒部分个体的一些特定的潜在需要。但是，设计师在试图迎合消费者的需要时，必须同时兼顾三重人格的需要，即“本我”“自我”“超我”的需要。例如，许多设计师为了加强对“本我”的吸引力，在设计中利用“性暗示”或其他一些欲望的吸引，但如果过分强调这一层次，可能引起消费者的“本我”和“超我”的排斥，从而使消费者焦虑和犹豫不决。

2）行为主义心理学

行为主义心理学自 1913 年问世以来，受到众多心理学家的欢迎和拥护，发展到 20 世纪 20 年代末，已成为美国最具影响力的心理学流派。这一时期的行为主义心理学也称早期行为主义心理学或古典行为主义心理学。其后，自 20 世纪 30 年代到 60 年代，在这约 30 年的时间里，早期行为主义心理学经历了诸多内部变革，形成了各具特色的新体系。尽管这些新体系在基本观点、概念体系、术语名称等方面各不相同，但其基本立场是一致的，因此它们被统称为新行为主义心理学。新行为主义心理学的出现不是偶然的，它是当时社会历史条件、思想背景及心理学自身发展的内部需要等共同作用的结果。

反射是最基本的神经活动，也是实现心理活动的基本生理机制，是感受器受到刺激后引起的神经冲动。它是刺激先通过内导神经纤维传至神经中枢，经过神经中枢的加工，再通过外导神经纤维传到效应器（肌肉和腺体）引起的活动。反射可以分为无条件反射、经典条件反射及工具性条件反射。

（1）无条件反射。

无条件反射即本能，是动物先天遗传下来的行为形式的基础，是动物为了维持生命所必需的。例如，人在吃食物的时候会分泌唾液，在寒冷的环境下会打寒战，碰到烫的物品会缩手等。无条件反射是自动的行为，无须大脑思维活动的参与。无条件反射具有适应性，即针对不同的刺激做出不同的行为。

（2）经典条件反射。

20 世纪初，著名生物学家巴甫洛夫通过一系列经典实验发现了两种信号的条件反射，被人们称为经典条件反射。它以无条件反射为基础。例如，在食物没有进到嘴里时，光看到食物，人们可能已经开始分泌唾液，此时食物就与分泌唾液的行为形成了对应的关系。概括而言，即当中性刺激和无条件刺激同时出现若干次后（心理学上称之为"强化"），就可能直接引起其原本不能引起的，属于无条件刺激引起的反应，这就是所谓的"望梅止渴"效应。

巴甫洛夫还指出，人的大脑有两种信号系统：第一信号是具体的信号，如光、声、味、触等；第二信号是抽象的信号，如语言、文字等。第二信号不能脱离第一信号而单独存在，它是在第一信号的基础上建立的。这是人比动物的反射行为高级的地方所在。虽然某些高级动物也可能对信号产生条件反射，如猿猴等，但它们只能对极为简单的信号产生条件反射。

条件反射行为刚形成时具有泛化的现象，即对于类似的刺激都具有相似的反射。如果只对其中某种刺激进行强化，而对近似的刺激不进行强化，泛化反应就会逐渐消退，这种现象称为条件反射的分化。正是基于这一点，人们才可能通过组合不同的信号——声音或视频，来代表不同的刺激源，这才出现了丰富多彩的音乐、美术等艺术作品，并使人们产生各种不同的感官刺激。例如，人们听到某些音乐就会感觉愉悦，而听到某些音乐则会引起悲伤。此外，条件反射行为形成后并非一成不变，如果长期得不到强化它就可能消退。例如，长期不向狗提供食物，而仅仅摇铃，若干次后它就不再分泌唾液了。

（3）工具性条件反射。

美国心理学家斯金纳通过实验发现经典条件反射理论存在一些问题，并提出了工具性条件反射理论。这个著名的实验是将动物放进一个箱子中，当动物碰到机关时就能掉出一块食物。刚开始，动物在箱子里面乱动，如果碰巧碰到机关，食物就会掉出来，之后它们就越来越少碰其他地方，直到最后只碰机关。针对以上问题，斯金纳提出了工具性条件反射理论，将这种习得的反应称为"行为塑造"，认为行

人本主义心理学：主张研究人的本性、潜能、经验、价值，反对行为主义心理学机械的环境决定论和精神分析心理学以性本能决定论为特色的生物还原论，所以在西方被称为心理学的第三势力。

为结果能塑造新的行为，这是人类能不断学习和掌握新的行为的关键原因。它成为经典条件反射理论的重要补充。根据斯金纳的理论，人们最初很艰难地进行某些操作，需要不断进行推理、计算、选择、判断等，做对则重复这一行为（强化），做错则避免这一行为，多次做对后这一行为就变得自动化了，也就是习惯或技能的形成。工具性条件反射也存在消退、泛化和分化等特征。

在艺术设计中，产品的使用方式都是后天习得的行为，有时需要某种技能，斯金纳的"行为塑造"理论对于艺术设计中新的行为的塑造、技能学习等方面的研究具有重要意义。

3）人本主义心理学

人本主义心理学兴起于 20 世纪 50 年代的美国，在 60 至 70 年代得到迅速发展。它是西方心理学的一种新思潮和革新运动，又称现象心理学或人本主义运动。

人本主义心理学主张研究人的本性、潜能、经验、价值，反对行为主义心理学机械的环境决定论和精神分析心理学以性本能决定论为特色的生物还原论，所以在西方被称为心理学的第三势力。目前，它已成为当代心理学中的一种新的有重要影响的研究取向。人本主义心理学是美国特定的时代背景和心理学自身的内在矛盾相互冲击的产物，是吸收当时先进的科学思想并融合存在主义和现象学哲学观点而发展起来的学科。

（1）需要层次论。

马斯洛以他对人类的需要的理解阐明了一种动机理论。需要层次论既是一种需要理论，也是人本主义心理学的一种动机理论。他认为，动机是人类生存和发展的内在动力，动机引起行为，而需要则是动机产生的基础和源泉。需要的性质决定着动机的性质，需要的强度决定着动机的强度，但需要与动机之间并非简单的对应关系。人的需要是多种多样的，但只有一种或几种最占优势的需要成为行为。马斯洛从总体上把人的需要分为两大类。一类是基本需要，这类需要和人的本能相联系，因缺乏而产生，所以又称缺失性需要。在一个健康的人身上，它处于静止的、低潮的或不起作用的状态。这类需要主要包括生理需要、安全需要、爱与归属的需要、尊重需要。基本需要属于低层次的需要，是由低到高逐渐发展的。马斯洛认为，在低层次的需要未得到满足之前难以产生高层次的需要。另一类是心理需要，又称成长性需要，这类需要不受本能所支配，它的特点有 4 个（见图 1-16）。

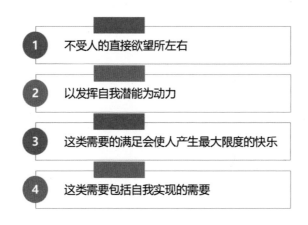

1 不受人的直接欲望所左右

2 以发挥自我潜能为动力

3 这类需要的满足会使人产生最大限度的快乐

4 这类需要包括自我实现的需要

◎ 图 1-16　心理需要的 4 个特点

（2）高峰体验论。

在马斯洛的自我实现理论中，高峰体验是一个重要的概念。高峰体验是人在进入自我实现和超越自我状态时所感受到的一种非常豁达与快乐的瞬时体验。这种体验是每个正常人都能产生的，但自我实现者能更多地体验到高峰时刻。

高峰体验在不同的人身上的表现方式不同，甚至在同一个人身上由于从事不同的活动，其表现方式也是不同的。它可以是作家完成了一部得意之作，也可以是音乐家完成了一次成功的演出，还可以是工匠完成了一件精湛的雕刻；可以是一次陶醉的艺术品欣赏，也可以是家庭生活的美好感受，还可以是对自然景观的迷恋；可以是某一科学真理的发现，也可以是某一项发明创造的问世。高峰体验既可以是极度的快乐，也可以是宁静而平和的喜悦。

3．其他

1）工程心理学

工业心理学是心理学的一个分支，也是心理学的应用领域之一，它主要研究人在工作中的行为规律及心理学基础。工业心理学的发展主要始于第一次世界大战，第二次世界大战进一步推动了它的发展。第二次世界大战期间，人们不但在人员选拔与训练上有所提高，而且注意到机器、武器的设计要适合人的特点，要使人容易感知、理解、判断和操作，其后形成了"工业心理学"。第二次世界大战后，美国总结了大战期间的工作经验，并在军用工业、民用工业中加以广泛推广，自此人的因素成了一个重要的研究领域。第二次世界大战后发展起来的新兴理论（如信息论、系统论、控制论等），也影响着工业心理学的发展方向。现在，工业心理学的研究内容主要包括工作环境、组织关系、生产过程自动化、消费需求及人机系统。工业心理学发展至今，其理论和思想已日趋完善，主要包括管理心理学、工程心理学、劳动心理学、人事心理学。

其中，工程心理学中主要涉及的人机工程学是设计艺术的重要基础学科，又称人因工程学、人类因素学、人类工程学，在日本称为人间工学。工程心理学是以"人—机—环境系统"为对象，研究系统中人的行为及其与机器和环境之间相互作用的工业心理学分支，主要包括 3 个方面的研究（见图 1-17）。

◎ 图 1-17　工程心理学在 3 个方面的研究

（1）与技术设计有关的人体生理和心理特点。它为"人—机—环境系统"的设计提供有关人的数据。

（2）人机界面的设计。人机信息交换的效率，很大程度上取决于显示器和控制器分别与人的感觉器官、运动器官特性的匹配程度。为使双方匹配得更好，就要研究显示器和控制器的物理特性与人的感知、记忆、思维、运动等身心特点的关系。

（3）工作环境的空间设计。它主要包括工作空间的大小、显示器和控制器的位置、工作台和座位的尺寸、工具和加工件的安排。工作环境的空间设计要适应使用者的人体特征，以保证使用者能够采取正确的作业姿势，达到减轻疲劳、提高工作效率的目的。因此，研究特殊环境条件对人的行为的影响，对设计空间舱和地下、水下工作的人机系统具有重要意义。

2）环境心理学

不同城市的生活节奏是不一样的。在人们的印象中，一些城市中的每个人都走得飞快，另一些城市中的人们却悠闲地散步，还不时地停下来观赏景致。心理学家罗伯特·莱文和他的学生们对美国 36 座城市的生活节奏进行了测试与比较。为了评价城市的生活节奏，他们考察了 4 个指标——行走速度、工作速度、讲话速度和不同性别者戴手表的比例。莱文等人发现，心脏病与生活节奏有关。人群之中，A 型人格是一种易发心脏病的性格，而城市之中，好像同样存在 A 型城市。A 型人格者最有可能被快节奏的 A 型城市所吸引，到了那里，他们会努力使自己适应快节奏。

莱文等心理学家所探讨的是环境与人的行为之间的关系，这属于心理学的一个分支——环境心理学的研究领域。环境心理学研究中涉及两种环境：自然或人工的物理环境和社会环境。社会环境是由一群人组成的环境，如一场舞会或晚会、一次商务会议。环境心理学家也特别关注对行为场所的研究。行为场所是指环境中的一些有特定用途的场所，如办公室、衣帽间、教堂、教室等。众所周知，不同的环境和行为场所对人的行为有不同的要求，有些场所甚至有严格的规定。例如，在学生活动中心的休息室里大家可以谈笑风生，而在图书馆里则要保持肃静。

环境心理学的研究主要包括下列内容：个体空间、领地行为、应激环境、建筑设计、环境保护，以及许多相关问题。

环境心理学家在环境的影响与作用研究中有一个重要发现，即人的多数行为在一定程度上受到特定环境的控制。例如，购物中心和百货商场大都设计得像迷宫，顾客要在里面绕来绕去，这样就能让顾客在商品前多徘徊或逗留一会儿。再如，大学教室的设计清楚地表明了师生关系，学生的座位固定在讲台下，老师面对学生而立，这样可以限制学生在课堂上交头接耳；公共浴室中的座位不多，人们只能洗完就走，而不可能舒舒服服地坐在里面开会。

环境心理学家还发现，环境因素的变化影响着公共场所中故意破坏公物行为发生的数量。在心理学研究结果的基础上，现在很多公共场所都选用了新型建筑材料，人们不可能在上面乱涂乱画，这就减少了此类破坏行为的发生。没有门的厕所隔间和瓷砖墙面也是防范措施之一，还有一些措施是为了使人们降低乱涂乱画的欲望。例如，在一块广告牌周围种上一些花，人们不愿意踩踏花草，因而也就不会走过去乱涂乱画了。

当今世界依然存在许多环境问题，但我们欣喜地看到，至少在某些问题上可以通过设计改变和影响人的行为，从而找到解决的方法。当然，创造及保持一个有益健康的环境也是我们和子孙后代所面临的主要挑战之一。

3）消费心理学

消费心理是消费者在进行消费活动时产生的一系列心理活动。消费心理学是研究消费者产品购买行为、使用行为的商业心理学分支，它涉及产品和消费者两个方面。它来源于 20 世纪 50 年代后期发展起来的消费者导向的营销策略。当时，由于科学技术和生产力水平的迅速提高，营销商意识到，与其游说消费者购买产品，不如生产消费者需要的产品，而消费者需要什么样的产品，就是消费心理学研究的主要内容。消费心理学是一个跨学科的研究领域，与社会心理学、社会学和经济学有着密切联系。与之相关的研究包括广告、产品特点、市场营销方法等，以及消费者的态度、情感、爱好及决策过程等。总之，消费心理学是研究消费者心理活动的行为科学，它以观察、记录、说明和预测消费者的心理活动为目的。

近年来，消费心理学从着重研究消费者的购买活动转向更一般、更全面地研究消费者，其研究重点有所改变，主要体现在以下 3 个方面（见图 1-18）。

◎ 图1-18 消费心理学的3个研究重点

（1）消费者行为。

消费心理学要全面研究消费者的行为，以及影响这一行为的一系列社会的、个人的和法律的变量。它不仅要研究如何说服消费者购买已有产品，也要研究消费者的需求发展及消费者的安全等问题，还要进一步研究消费者行为的两个方面，即社会对消费者的责任和消费者对社会的责任问题。

（2）产品测验。

产品测验包括研究产品的特点和消费者对产品特点的反应。这种研究通常采用蒙目测验法来确定产品的非视觉特点，如饮料味道的改进和新产品使用的行为分析等。营销商可通过产品测验的数据从消费者那里获得有效信息。

（3）消费者调查。

消费者调查主要是了解消费者的态度和意见。这种调查既包括消费者对现有产品和服务的意见，也包括有助于新产品设计的一般意见。消费者调查一般采用问卷调查法，既可以用客观量表，也可以用投射量表。

4）审美心理学

审美心理学是研究和阐释人类在审美过程中的心理活动规律的心

理学分支，是一门主要研究人类在美的欣赏和美的创造中的心理活动规律的学科。审美主要是指美感的产生和体验，而心理活动则是指人的知、情、意。审美心理学着重进行审美经验的心理学分析，因此也可以说它是一门研究及阐释人类在美感的产生和体验中的知、情、意的活动过程，以及个性倾向规律的学科。

审美经验是审美心理学的研究对象，是审美中的生理和心理感受，是一个动态的体验过程。李泽厚先生提出，广义的"美感"即审美经验，包括从审美知觉（感知、理解、想象、情感）到审美愉悦这一过程，狭义的"美感"仅指审美经验中的审美愉悦（包括审美感受和审美判断）这一部分。

精神分析学派、格式塔学派、行为主义学派、信息论学派及人本主义学派分别从不同的方面为审美心理学的形成和发展做出重要的贡献。精神分析学派认为审美经验的源泉存在于无意识之中，揭示出审美心理的深层结构；格式塔学派运用格式塔心理学的原理和"力"与"场"的概念解释审美过程中的知觉活动；行为主义学派提出观赏者对艺术品刺激所做出的生理反应，就是产生审美经验的原因与机制；信息论学派通过对审美知觉的研究认为，知觉者在欣赏艺术品时会唤起一种期望模式，当期望得到肯定时就会产生愉快感和美感；人本主义学派认为美感是一种高峰体验，是对自我的审美观照。

我们可以认为，审美心理学并不满足于描述审美心理现象，而要在了解审美心理活动规律的基础上进一步提高审美活动的成效，因为"心理学就是人类为了改造客观世界和改造自己而了解自己的一门必要的学科"。同时，因各国、各民族社会历史的不同，人的审美经验存在认知差异，审美心理学还要研究审美心理的个性和共性，以及社会文化对于审美心理的影响等诸多方面。

第 2 章
人的设计心理认知

2.1 人的感觉系统

产品最终会被形形色色的人使用，使用产品的人称为用户。研究用户心理是设计心理学中的一项重要内容。用户使用产品的过程是一个复杂的心理过程，此过程包含用户的感知、记忆、思维等。一款好的产品应该是易于使用、符合用户认知的产品。要想做到这一点，设计师必须通过对用户心理的研究，运用适合的设计与调查方法，建立符合用户心理的产品的思维模型和任务模型，在产品的形态结构中提供便于操作的条件，给予用户正确的引导。

人对客观事物的认知是从感觉开始的，它是最简单的认知形式。感觉还可以是一种心理体验。在感觉的基础上可以产生高一级的心理过程，如知觉等。

2.1.1 感觉的概念

心理学将感觉定义为：感觉是客观事物的个别属性在人脑中引起的反应。心理学中将感觉分为外感觉（视觉、听觉、触觉、味觉、

感觉是一种较为简单的心理过程。感觉系统可以分为视觉系统、听觉系统、触觉系统、味觉系统、嗅觉系统。

嗅觉）和内感觉（饥渴、病痛、疲劳等）。感觉是人对客观事物认知的初级阶段和初级形式。

感觉产生的过程如图 2-1 所示，人们产生感觉首先来自外界刺激。人们身体中的各个感觉器官（感受器）在接到机体内、外环境的各种刺激之后，将刺激转变为神经冲动信息，再通过感觉神经传入中枢神经系统，经过大脑复杂的信息处理产生感觉，通过运动器官做出对外界的反应。收集这些信息的器官就是感受器，感受器由许多能够完成感受功能的细胞构成。

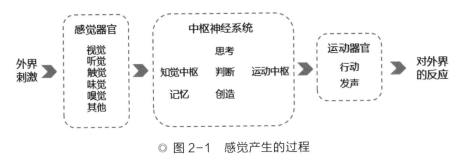

◎ 图 2-1　感觉产生的过程

2.1.2　感觉系统的分类

感觉是一种较为简单的心理过程。感觉系统可以分为视觉系统、听觉系统、触觉系统、味觉系统、嗅觉系统。通过感觉人们可以分辨颜色、声音、软硬、粗细、重量、温度、味道、气味等。

1. 视觉系统

人的眼睛是视觉产生的生理基础。第一个接触到的视觉信息是光线。光线通过眼球中的瞳孔，由透镜成像于视网膜上。视网膜是覆盖于眼球内壁的膜状组织，视网膜下层有着可以将光线转换为电子信号的视细胞。视细胞分成光线明亮时才动作的视锥细胞和光线微弱时才动作的视杆细胞（见图2-2）。一个人的视锥细胞有600万~800万个，而视杆细胞则有12 000万~14 000万个。

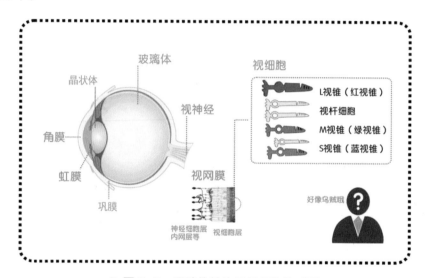

◎ 图2-2　眼睛的结构及视细胞构成图

1）视锥细胞

视锥细胞对光线的颜色相当敏感，根据吸收波长不同，可分为3种细胞：L视锥（红视锥）、M视锥（绿视锥）、S视锥（蓝视锥）。这3种视锥细胞如果有缺陷或吸收波长错误，就会发生"色觉异常"（俗称"色弱""色盲"）。

我们可以做个实验来实际体会一下视锥细胞的功能。请注视图2-3中的红色圆圈30秒左右，然后把视线移到右边的空白部分。这样一来，会不会觉得空白部分看起来有个蓝色圆圈呢？这就是所谓的"补色残像"现象。由于持续注视红色物品，L视锥（红视锥）会产生疲劳，而没有用到的 M 视锥（绿视锥）和 S 视锥（蓝视锥）则会相对活跃，注视空白部分会浮现出红色的互补色。

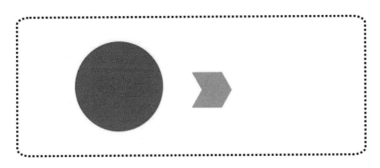

◎ 图 2-3　补色残像与视锥细胞的关系

2）视杆细胞

视杆细胞会对微弱的光线起反应，但是无法辨别颜色。所以，人在黑暗中可以辨别形状，却看不清颜色。视杆细胞中含有一种叫作视紫红质（Rhodopsin）的蛋白质，它会吸收光线，发生一系列光化学变化和电位改变，使视细胞产生神经冲动。视紫红质是一种复合物，含有氨基酸链所构成的蛋白质（视蛋白，Opsin）和维生素 A 的衍生物（视黄醛，Retinal）。一旦人体缺乏维生素 A，在暗处就无法看清楚东西，便是这个缘故。

除了猫头鹰、夜莺等少数鸟类，大多数鸟类都是日行性动物，它们几乎没有视杆细胞，所以在夜晚是什么都看不到的。

视觉信息会由感光细胞（Photoreceptor Cell）转换为电子信息，再经由双极细胞（Bipolar Cell）、神经节细胞（Ganglion Cell），最后送到大脑。送到大脑的信息会通过大脑中央的外侧膝状体（Lateral Geniculate Body）到达后脑的视觉区。就人类来说，视觉区中最少要确认一阶（V1）到五阶（5V）。第一视觉区（V1）只会处理单纯的颜色、形状，其他信息需要送到高阶视觉区进行处理。

V1 部分的细胞，只会处理设计元素中单纯的东西，如判断红、黄、绿等颜色，或者横线、纵线、斜线等简单的线条形状。每个细胞只会对自己该处理的信息有反应，如对应蓝色的细胞会对蓝色有反应，但是对其他颜色就没有反应，而且只要是蓝色的就会有反应，无论是圆形的还是三角形的，任何形状一概不管。而对纵线有反应的细胞，就只对纵线有反应，横线则当没看到。因为对纵线有反应的细胞，是不会在意横线与颜色的。

在 V1 处理完的视觉信息会通过两条路径离开（见图 2-4）。第一条"背侧路径"（Dorsal Pathway）是从 V2 前往 V3 的路径，这条路径会处理空间信息、三维（三次元）形态。另一条"腹侧路径"（Ventral Pathway）是从 V2 前往 V4 的路径，这条路径会处理比 V1 更加复杂的颜色和形状。这里有对复杂的颜色和形状产生反应的细胞，而且对特定弯曲率、曲线组合也会产生反应。V1 除了处理视觉信息，同时具有快递中心的功能，能够配合视觉处理的内容来分配视觉信号。

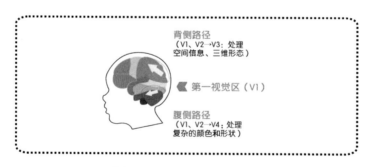

◎ 图 2-4　视觉信息的处理路径

最后，视觉信息会经过腹侧路径传到大脑侧叶，到了这里会对更复杂的形状有反应，也就是说可以真正认知眼前事物的全部外观。总体来说，人类第一眼看到一个事物，只会对颜色、形状等单纯的元素有反应，之后才会依阶级对复杂形态有反应并进行处理（见图 2-5）。

在V1进行简单处理　　　在V2、V4判断稍微　　　最后在大脑侧叶
　　　　　　　　　　　　复杂的颜色和形状　　　处理更复杂的信息

◎ 图 2-5　视觉信息的处理过程

图 2-6 所示为一本手掌大小的立体图书《富士山》。它以 360°
的惊喜方式和立体模型展现了故事场景和日常风景。早在 2012 年，
Noiz Architects 的日本建筑设计师大野友资在参加 YouFab 设计竞
赛时就提出了立体图书的概念。但由于立体图书有非常繁复的细节，
所以在当时无法实现量产。后来，该设计师创建了一个全新的系列，
并在图书出版商 Seigensha 的帮助下成功实现《富士山》和《白雪
公主》两个款式的量产。

◎ 图 2-6　立体图书《富士山》

通常情况下，书里的内容，不论是故事还是风景都在字里行间展
现，讲究一些的，也只是可以看到精美的插画或照片，更立体丰满的
场景只能依靠我们的想象自行加工。但 360° 立体图书巧妙地将故事
和风景具象并立体化，以一种全新的形式展现在我们眼前。

《富士山》中展现了如诗如画、极具代表性的风景，其中包括日本知名的富士山，以及白云和白鹭等元素。

《白雪公主》取意于同名童话故事，里面包括白雪公主、女巫、七个小矮人、苹果、森林等众多与之相关的丰富细节（见图2-7）。

◎ 图2-7　立体图书《白雪公主》

2. 听觉系统

听觉是由声源振动引起空气振动产生声波，通过外耳和中耳组成的传音系统传递到内耳，内耳螺旋器和其所含的毛细胞感受声音，机械能在这里转变成神经冲动，并经听神经传到大脑皮层的听觉中枢而产生的主观感觉。

听觉带给人精神的享受。孔子听过美妙绝伦的《韶》乐后，三月不知肉味；春秋时期，韩国女子韩娥的歌声拨动了人们的心弦，深深萦绕在人们的脑海中三天不去，由此而得"余音绕梁，三日不绝"之说。对产品来讲，在产品中设计不同的声音或音乐，可带给用户不同的心理感受，且有提示作用。产品提示音往往表明现在所处的位置、状态，柔和甜美的提示音给人带来愉悦的听觉感受。

3. 触觉系统

触觉是指分布于全身皮肤上的神经细胞接受来自外界的温度、湿度、疼痛、压力、振动等方面的感觉。狭义的触觉是指外界刺激轻轻接触皮肤的触觉感受器所引起的触觉。触觉可以接受接触、滑动、按压等机械刺激。人的皮肤位于人的体表，依靠表皮的游离神经末梢感受痛觉、触觉等多种感觉。触觉感受器在嘴唇、舌和手指等部位的分布都极为丰富，尤其是手指尖。人们在打麻将时不用看牌，通过手指触摸就知道是不是自己所需要的牌。在产品中加入良好的触觉体验可以给人们的操作带来兴趣。

4. 味觉系统

味觉是指食物在人的口腔内对味觉器官化学感受系统进行刺激而产生的一种感觉。从生理角度分类，有4种基本的味觉——酸、甜、苦、咸，它们是食物直接刺激味觉器官而产生的。有一些食物直接用人们已经习惯的产品的颜色来表现其味道。在味道的浓淡上，设计师主要靠调节色彩的强度和明度来表现。例如，用深红色、大红色来表现甜味重的食物，用朱红色来表现甜味适中的食物，用橙红色来表现甜味较淡的食物等。在广告设计中，设计师往往借助色彩进行设计，使人们在看到产品，特别是与食物有关的产品时，有一定的味觉感受。

图 2-8 所示为 Sour Lemon Candy 柠檬糖广告。该广告把不可知的味觉体验转换为丰富的视觉体验。柠檬糖究竟有多酸，看人的面部表情就知道，就像被使劲挤汁的柠檬……夸张、幽默、简明，直击卖点；背景色为黄色，一方面让人联想到柠檬，另一方面增强了消费者看到黄色时产生的酸爽感觉。

◎ 图2-8　Sour Lemon Candy 柠檬糖广告

5. 嗅觉系统

嗅觉是一种由感官感受的知觉，它由嗅神经系统与鼻三叉神经系统这两种感觉系统参与、整合和相互作用。与味觉相比，嗅觉是一种远感。也就是说，它是通过长距离感受化学刺激而产生的感觉。嗅觉比视觉更易于引发身体反应。嗅觉是实时产生的生理反应。对气味的刺激更敏感，也更易察觉。不同的气味能够引起情绪上和生理上的不同变化。各种气味通过刺激人体嗅觉唤起人的情感，从而在一定程度上左右人们对产品的态度。在使用产品时，如果有阵阵花香袭来，会给人带来愉悦的精神享受。

嗅觉在日常生活中扮演着重要的角色，气味承载着极其惊人的叙述能力及唤起情感的能力，然而鲜有科技产品能够发挥出气味的潜力。

Vapor Communications 的创始人、哈佛大学教授大卫·爱德华兹和他的学生雷切尔·菲尔德共同研发的 oPhone 气味传感器，让传递气味变得和发短信一样轻而易举。

他们的第一代产品 oPhone Duo 内置一个 oChips 气味盒，清风拂过该产品，基座上的圆形桶内会散发出气味（见图2-9）。

二代 oChips 是一个气味吸收圆盘，可以放在布料或珠宝中，定制气味。

控制气味何时何地散发需要拿捏得当。有一些气味调配系统是对液体进行加工的，以散发出不易散去的气味团，同时会带出大量水蒸气。这样做我们只会闻到它散发出的气味，但会闻不到其他气味。而 oChips 内置干燥的香气材料，一阵清风吹过，留下淡淡的芳香，气

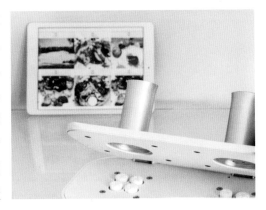

◎ 图 2-9　第一代产品 oPhone Duo

味刚刚好。oPhone 还可以散发出混合气味，而不是单一气味。

爱德华兹推出了另一款名为 oNotes 的 iPad 应用，集聚了所有能与 oPhone 一起使用的应用（见图 2-10）。它能打造个人的嗅觉媒体，包括气味增强的电影、书籍、相片及音乐，你可以称它为"嗅觉版 iTunes"。用户在书中读到对食物的描述时，就能真正闻到饭菜的香味。

爱德华兹的公司还与Melcher Media 合作，研发 oPhone 配套电子书，其所配备的气味传感器将增强电子书的叙

◎ 图 2-10　名为 oNotes 的 iPad 应用

述效果。它们的研发成果《金发姑娘和三只熊》iPad 电子书，轻敲按键就会散发出蜂蜜、爆米花、杏仁等多种香味，是一本科技含量很高的书。这样的书能够使孩子产生兴趣，让孩子快乐地阅读和学习。

其实，将嗅觉融合到感官体验中的想法存在已久，但是要将这个想法付诸实践确实不易。嗅觉装置设计如图 2-11 所示。

◎ 图 2-11　嗅觉装置设计

20 世纪 60 年代，好莱坞曾花 100 万美元打造"嗅觉戏院"，但首次播放的电影《神秘气味》未得到观众的好评。观众表示在闻到气味的同时听到"嘶嘶"声，画面和相对应的气味不同步，《神秘气味》也因此成为史上第一部也是最后一部"嗅觉戏院"的电影。

爱德华兹则认为，嗅觉技术的应用领域广泛，涵盖书籍、医疗、音乐、虚拟现实及汽车等领域，电影不过是冰山一角，还有很多领域尚未挖掘。

目前，oPhone 离爱德华兹心中的构想还有些遥远，新的技术仍需要时间去改善。之后，爱德华兹将致力于缩小 oPhone 的体积以便人们随身携带。除此之外，他还在研发 oCase 手机壳，有望使气味从智能手机壳中直接散发出来。如果一切进展顺利，oPhone 将会逐步渗透到我们的日常生活中。

在日常生活及产品操作中,
知觉是通过各种感觉的综合对信
息进行处理后起作用的。

2.2 人的知觉与设计

客观事物直接作用于人的感觉器官,产生感觉与知觉。知觉是在感觉的基础上对感觉信息整合后的反应。在日常生活及产品操作中,知觉对来自感觉的信息进行综合处理后,对产品及其操作过程做出整体的理解、判断或形成经验。

2.2.1 知觉的概念

知觉是心理较高级的认知过程,是信息处理的过程。在此过程中,有许多知觉规律可以遵循。

通常认为,知觉是人脑对直接作用于感觉器官的客观事物的各个部分和属性的整体反应。在一定的外界环境中,刺激物与感觉器官之间相互作用,在外界信息传入大脑后,大脑会对信息进行整合及处理。知觉涉及对感觉对象(包括视觉、听觉、触觉、味觉、嗅觉对象)、过去的经验或记忆及判断的理解。在感觉对象中,来自视觉和触觉的感知是最多的,也是我们研究的重点内容。在新产品中,有可以闻到香味的儿童卡片,也有可以食用的书,这些产品扩展了人们在嗅觉和味觉方面的感知。

在日常生活及产品操作中,知觉是通过各种感觉的综合对信息进行处理后起作用的。例如,我们驾驶汽车的操作,手握转向盘,通过触觉可以感受到转向盘的形状及转动,以配合需要转向的方向。眼睛注视前方及左右后视镜来观察所处的场景,以判断是否需要处理位置的改变及速度的改变。在汽车行进过程中，我们还可以听到外面的风声或噪声，以进一步确认汽车的行驶状况。

用户操作产品的过程，首先是一个知觉过程，因为在每个具体的操作步骤中知觉都起着重要的作用。

用户在操作产品的过程中，每个具体的操作步骤都包含知觉过程，而这个过程大多包含寻找、发现、分辨、识别、确认等。以上这个知觉过程可以反复出现，直至操作动作完成。其中，寻找的过程是发现相关有用信息的过程，是信息收集、分析、再确认的过程。此过程最终会因发现有利于操作的一些信息而终止，继而转入下一个发现的过程。在这个过程中，可能有多项信息，我们要分辨在此步操作中需要哪些信息。通过分辨这个过程识别出当下操作步骤的信息和提示，再确认操作。例如，我们对洗衣机的操作步骤如下：第一步，观察周围的外部环境，寻找并发现洗衣机面板上提供的各项信息；第二步，分辨并识别哪些信息是有利于我们操作的；第三步，开始操作（这时的操作只是整个操作过程中的第一步，可以是打开开关）；第四步，转入下一个循环。重复此知觉过程直至完成整个操作。在一个具体的知觉过程中，视觉起着收集信息的作用，知觉起着整合信息的作用，思维起着识别和判定的作用，记忆起着搜索的作用。

在每个知觉过程中，面对产品产生的感知是完成正确操作的前提。美国知觉心理学家詹姆斯·吉布森认为，知觉从外界物品中感受到的是"它能为我的行动提供什么"，人对任何物品的观察都应与行动目的联系起来。他发明了一个新词 Affordance，可以把它翻译成"为行动提供的有利条件或优惠条件"。例如，平板可以提供"坐"的条件，圆柱可以提供"转动"的条件等。也就是说，知觉所感受到的结果不仅是物品的形态。在完成操作产品这个任务的驱使下，知觉是在寻求有利于操作的条件并判断产品所提供的形态便于怎样的操作。

> 产品形状知觉：设计师应该从用户的角度把几何形状理解成实际的使用含义，从思维方式上更接近用户的需要，以便在设计中提供适合用户操作的形状特征。

实际上，人所感受到的不仅是产品的形状和颜色，还有对行动有意义的实物。

我们可以对以下几类知觉进行具体的分析。

2.2.2 形状知觉

形状是视知觉最基本的信息之一。我们依靠视觉可以感知产品具体的形状，包括各种各样的面、各种各样的体。用户在操作产品的过程中，了解产品的形状不是其观察目的，其观察目的在于了解形状的行动象征意义和使用含义。例如，杯子的形状使人马上想到盛水、喝水，以及怎么端杯子、怎么喝。

一般情况下，我们看到产品有不同的形状，这意味着我们可以采用不同的动作方式来进行操作（见图2-12）。

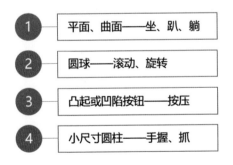

◎ 图2-12 产品形状知觉

设计师应该从用户的角度把几何形状理解成实际的使用含义，从思维方式上更接近用户的需要，以便在设计中提供适合用户操作的形状特征。

如图 2-13 所示，The New Normal 设计了一套盛放食物的工具，同时提供了一种估算分量的方法。这套工具旨在帮助人们学习和练习估算日常餐食的分量，并养成健康饮食的习惯。每个工具都可以匹配不同的手形和手势，用来估算食物分量，而不是估算卡路里。

◎ 图 2-13　The New Normal 设计的盛放食物的工具

2.2.3　结构知觉

结构是指为了将各个部件组合成为整体而对其进行的搭配和排列。不论使用哪种产品，用户感受到的不仅是产品外观的几何结构，还有各个部件的整体结构，以及各个部件之间的组装结构、功能结构、与操作有关的使用结构。产品的一般结构知觉与提供的操作有利条件如图 2-14 所示。

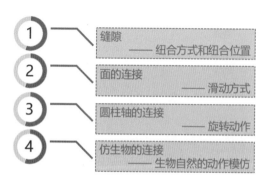

◎ 图 2-14　产品的一般结构知觉与提供的操作有利条件

另外，产品外观的几何结构不仅要满足审美和使用要求，还要符合各种制造要求。如果设计师只会从几何结构理解产品外观，那么在设计时就可能忽略工程师的制造要求，这样的设计无法加工。因此，设计师还应当从用户角度、制造工艺角度和功能角度理解产品外观的几何结构，提供适合的外观。

如图 2-15 所示，RenyiTong 是一组 DIY 连接器，我们可以对其进行组装以创建不同的模型和对象。每个组件都可以直接彼此连接，也可以通过木棍以圆形或方形的形式连接，以实现更多创意。我们可以用它来轻松制作玩具、日常用品、创意设计和设备生产等模型。只需几个连接步骤它就可以在三维空间中快速形成点、线和面。通过这组连接器，人人都可以有效地理解和发展三维创意见解。

◎ 图 2-15　RenyiTong DIY 连接器

2.2.4　表面知觉

美国知觉心理学家詹姆斯·吉布森研究飞行员在空中的视知觉时，发现飞行员的主要感知来自对陆地地面各种物体肌理的反应。这种肌理给有意图性的知觉提供了许多信息。在许多情况下，人们的主要知觉对象不是形状，且所需要的信息并不取决于形状。有时候，人们感知一件东西并不需要三维的知觉经验，其使用情境中所包含的信息就足够了。这种观点后来被应用到了人们日常使用产品的许多心理过程中。也就是说，用户在操作产品的过程中感受到的信息不仅来自产品的形状和颜色，还来自产品的表面，有时候表面信息更重要。

有关表面知觉的主要观点有：各种肌理（包含布局纹理和颜色纹理）都与材料有关，是我们识别物体的重要线索之一；任何物体的表面都具有一定的整合性，且保持各自的形式，如金属、塑料、木材的形状和结构各不相同；在外力作用下，有弹性的表面比较柔韧，可以维持连续性，刚硬的表面可能被折断。这些经验使我们不会用石头敲击计算机的玻璃平面，不会把塑料器皿放在火上烧。根据物体的这种表面特性，我们能够发现很多与操作行为相关的信息。另外，在不同的光线下，不同的表面给人不同的心理审美感受。

如图 2-16 所示，无障碍盲文板是对传统盲文板的改进设计，定位、搜索、读取和写入相对比较容易。无障碍盲文板根据人体工程学的相关理论，对传统盲文板进行了功能简化，是一种创新设计。为了让盲文纸固定在适当的位置，设计师将其放在框架下方并向下压。书写板也可以轻松地沿着纸张上下滑动。完成书写后，将纸翻过来，即可读取盲文。

◎ 图 2-16　无障碍盲文板

2.2.5　生态知觉

我们在观察任何东西时，都是从一个特定的位置进行观察的。起作用的光线只有那些射入我们眼睛的环境光线，这意味着每个视觉位置所看到的东西并不完全一样。观察角度的改变使物体的相对位置也在不断变化，而物体的背景也常常发生改变。这就是说，人的视觉位置与知觉感受到的东西密切相关。人的知觉感受受到观察角度和环境的影响，知觉是人与环境的统一。

图 2-17 所示为美国艺术家乔·林恩·阿而肯采用纸浮雕创作的珠宝首饰设计广告，她的纸艺随着主题的不同而千变万化。纸浮雕具有很强的立体感和艺术张力，栩栩如生，能瞬间吸引人们的目光。

◎ 图 2-17　美国艺术家乔·林恩·阿而肯采用纸浮雕创作的珠宝首饰设计广告

2.3　人的认知层次与模型

认知的概念从不同的角度分析有不同的定义（见图 2-18）。

1	**从解决问题的角度**
	认知是选择、吸收、操作和使用信息来解决问题的过程
2	**从信息加工的角度**
	认知是输入、变换、简化、加工、存储、恢复和使用信息的全过程
3	**从研究内容的角度**
	认知包含感知、记忆、思维、判断、学习、决策、想象、知识表达及语言运用

◎ 图 2-18　认知的概念

设计应该满足用户的需要，其中就包括用户的认知需要。要满足用户的认知需要，必须通过界面设计，给用户提供认知条件和认知引导。

2.3.1　用户认知三层次

用户的认知过程包含注意、记忆及思维 3 个层次（见图 2-19）。

◎ 图 2-19　用户认知三层次

1. 注意

注意是心理活动对一定对象的指向和集中。这里的心理活动既包括感知、记忆、思维等认知过程，也包括情感过程和意志过程。凡是心理活动的出现，都有一定的针对性和实质内容。认知过程有认知加工的对象，情感过程有所要表达的对象，意志过程也是有目的地从事某种活动，朝向某个目标。这些心理活动的对象也是注意的对象。

指向性和集中性是注意的两个基本特性。

指向性是指心理活动在某一时刻总是有选择地指向一定的对象。因为人不可能在某一时刻同时注意到所有的事物、接收到所有的信息，只能选择一定的对象加以反映。就像满天星斗，我们要想看清楚，就只能朝向某个方位或某个星座。注意的指向性保证了我们清晰且准确地把握某些事物。

集中性是指心理活动停留在一定对象上的深入加工过程。注意集中时心理活动只关注所指向的事物，抑制了与当前注意对象无关的活动。例如，当我们集中注意去读一本书的时候，对旁边的说话声、鸟语声或音乐声就无暇顾及，或者有意不去关注它们。注意的集中性保证了我们对注意对象有更深入、完整的认识。

注意不是一种独立的心理活动，而是认知、情感和意志等心理活动的共同的组织特性。注意是伴随心理活动出现的，离开了具体的心理活动，注意就无从产生和维持。可以说，注意是信息进入我们的认知系统的门户，它的开合直接影响着其他心理机能的工作状态。没有注意的指向和集中对心理活动的组织作用，任何一种心理活动都无法展开和进行。所以，注意虽然不是一种独立的心理活动，但在心理活动中发挥着不可或缺的作用。

人们在行动时所需要的注意分为以下 4 种（见图 2-20 ）。

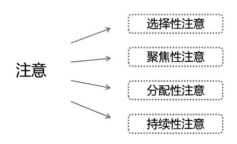

◎ 图 2-20　人们在行动时所需要的注意

1）选择性注意

选择性注意是指在同时呈现的两种或两种以上的刺激中选择一种进行注意，而忽略其他的刺激。例如，在杂乱的声音中只注意到某一人的声音，在茫茫人海中只注意到一个人。在一个纷乱的背景下，要想保持自己的注意力，就必须提高自己的注意程度，这个过程往往是由意志来完成的。

2）聚焦性注意

聚焦性注意是指将全部精力聚焦在一个事物或过程上。例如，化学、物理实验中的观察。人在需要的时候，必须把精力高度专注在当前的任务上，克服各种无关刺激的干扰，从而提高工作和学习效率。

3）分配性注意

分配性注意是指在同一时间对两种或两种以上的刺激进行注意，或者将注意分配到不同的活动中。例如，一边听音乐一边做饭，看电视的时候聊天。在这些活动中，两个活动中有一个是技能活动，是人们在相当熟练的状态下进行的活动，此时可以进行注意的分配。人不能同时完成对两个不熟练动作的注意，因为注意具有指向性。

4）持续性注意

持续性注意是指在一定时间内注意一直保持在某个认识的客体或活动上。在军事上往往把持续性注意称为警戒注意。例如，医生连续几小时进行手术，雷达观测站的观察员长时间注视雷达荧光屏上的光信号。

人不可能同时处理大量信息，人的注意是有一定加工容量的。各种知觉需要注意，各种认知需要注意，各种行动也需要注意。而注意是一种有限的资源，超出它的能力、容量、可持续时间，人在知觉、认知和行动中对信息的传送就会失误。因此，在设计时应该把注意作为一个综合的心理因素，将减少对注意的需求放在首要位置。

2. 记忆

记忆是人脑对过去发生过的事情的反映。记忆的过程是经验的印留、保持和再作用的过程，它可以使个体反映过去经历过而现在不在眼前的事物。记忆的基本过程是识记、保持、回忆。识记是接触各种事物，在大脑皮层上形成暂时联系而留下痕迹的过程。保持则是将暂时联系作为经验存储在大脑中的过程。回忆指的是过去接触过的事物不在眼前时，能回想起来。这3个基本过程是密不可分的。识记、保持是回忆的前提，回忆是识记、保持的结果。

根据记忆长短的不同，记忆可分为感官记忆、短时记忆和长时记忆（见图2-21）。

1 感官记忆
刺激形象输入感觉器官后，保持时间为0.25～2秒的记忆

2 短时记忆
信息一次呈现后，保持在1分钟以内的记忆

3 长时记忆
信息经过充分加工，在头脑中长久保持的记忆

◎ 图2-21 记忆的3个类别

1）感官记忆

感官记忆指刺激形象输入感觉器官后，保持时间为 0.25 ～ 2 秒的记忆。

2）短时记忆

短时记忆指信息一次呈现后，保持在 1 分钟以内的记忆。例如，在电话簿上查到一个不熟悉的电话号码，在根据短时记忆拨出这个号

码后，马上就会把它忘掉。这种记忆的容量非常有限，一般只能存储
5 ～ 9 个信息条目。如果对记忆内容加以复述，存储量可达 10 ～ 12
个信息条目。

3）长时记忆

长时记忆指信息经过充分加工，在头脑中长久保持的记忆。长时
记忆一般能保持多年甚至终生。长时记忆的容量很大，多达数 10 亿
个信息条目。存储在长时记忆中的信息并非实际事物的真实写照，而
是经过了一个解释和加工的过程，因而会出现偏差和更改。能否有效
地从长时记忆中提取知识和经验，在很大程度上取决于当初解释这些
信息的方法如何。如果记忆材料具有一定意义或与其他已知信息相关
联，存储和提取的过程就会容易得多。

根据记忆方式的不同，记忆可分为机械记忆、关联记忆和理解记
忆。机械记忆无须理解信息的内涵，只需记住信息的外在表现形式，
需要存储的信息本身没有什么意义，与其他已知信息也无特殊关系。
关联记忆中记忆的信息之间存在一定的联系或与其他已知信息相关
联。理解记忆指通过理解进行记忆，这类信息可以通过解释过程演绎
而来，无须存储在记忆中。对于这种有意义且可以理解的信息，人们
记忆起来会比较容易。

在日常生活中，人们遇到的关于记忆的问题往往是容易遗忘和记
错的。通过设计来弥补人的操作记忆弱点，减轻记忆的负荷，是设计
的一个重要的思维方式。

例如，雨伞虽然不是贵重物品，但丢失了也会很耽误事。图 2-22
所示的雨伞的把手处有一个伸缩式的绳索密码锁，就像自行车锁一
样，可以将雨伞拴到管子上，使一般人拿不走它。

思维：以感觉、知觉和表象为基础的一种高级的认知过程，是揭示事物本质特征及内部规律的理性认知过程。

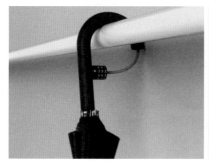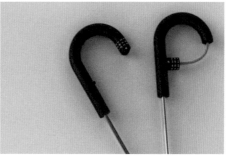

◎ 图 2-22　自带绳索密码锁的雨伞设计

3．思维

思维是以感觉、知觉和表象为基础的一种高级的认知过程，是揭示事物本质特征及内部规律的理性认知过程。

1）思维的概念

思维是以人已有的知识为基础，对客观事物概括的、间接的反映。它借助语言、表象或动作实现。例如，人们能通过春天的温暖、夏天的炎热、秋天的凉爽、冬天的寒冷这些具体的感知特性，而认识到四季的更替是自然界一成不变的特定规律，甚至能进一步认识到这是地球围绕太阳公转的必然结果。

思维运用分析综合、抽象概括等各种智力操作对感觉信息进行加工，以存储于记忆中的知识为媒介，反映事物的本质和联系。这种反映以概念、判断和推理的形式进行，带有概括和间接的特征。思维的概念应该包括 3 个基本点（见图 2-23）。

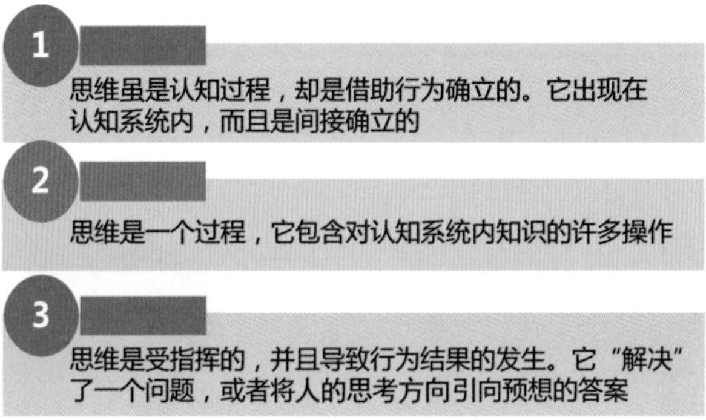

1 思维虽是认知过程，却是借助行为确立的。它出现在认知系统内，而且是间接确立的

2 思维是一个过程，它包含对认知系统内知识的许多操作

3 思维是受指挥的，并且导致行为结果的发生。它"解决"了一个问题，或者将人的思考方向引向预想的答案

◎ 图 2-23　思维的概念

2）思维的特性（见图 2-24）

1 概括性

2 间接性

3 思维过程的不确定性

4 思维方式的多样性

◎ 图 2-24　思维的特性

（1）概括性。

思维在大量的感性信息的基础上，把一类事物的共同本质特性或规律提取出来，并加以概括。思维的基本形式是概念。把一些具体的现象提取出来，概括事物的本质，就成为概念，思维还能概括事物之间的各种关系，从而形成规律、原理等。

（2）间接性。

思维活动不直接反映作用于感觉器官的事物，而是借助一定的媒介或一定的知识经验来反映外界事物。这个媒介通常是各种符号，包括声音、图形、动画、文字等。每个人的思维活动借助的媒介是不一样的，有些人倾向用文字进行思维，有些人倾向用图画进行思维，有些人倾向用对话进行思维，有些人倾向用声音或音乐进行思维。

（3）思维过程的不确定性。

人的思维是很复杂的，它往往有一定的连续性和跳跃性。并且在思考一个问题时，思维被集中在问题的解决过程中，往往不记忆思维过程。

（4）思维方式的多样性。

对待同一个问题，不同人的思维方式并不一样。有些人按照一个思维链进行逐步思考，有些人的思维受情绪的主导，情绪变化很快，使思维变化也很快。在具体的产品操作上，有的用户按照产品手册的规则进行思维，有的用户按照产品的反馈进行思维，有的用户按照自己的主观愿望进行思维。这些都说明，人的思维方式是多种多样的。对于同一个操作，人们采用的思维方式不同，得到的思维结果也不尽相同。

3）思维的种类

思维是复杂的，各种思维的性质显著不同。思维可以从不同的角度进行分类。根据思维活动内容与性质的不同，思维分为动作思维、形象思维和抽象思维（也称逻辑思维），如图 2-25 所示。

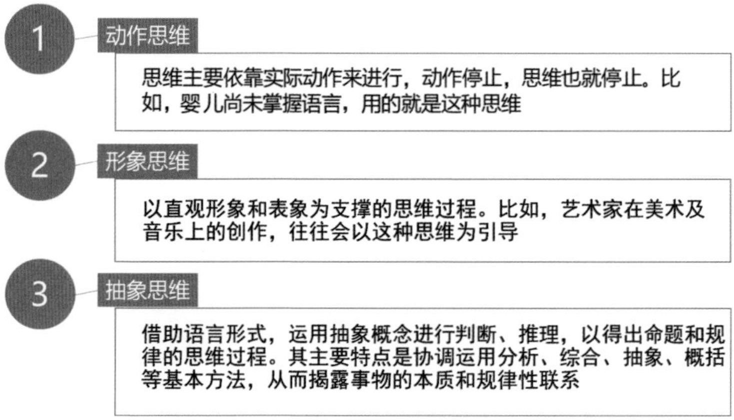

1 动作思维
思维主要依靠实际动作来进行，动作停止，思维也就停止。比如，婴儿尚未掌握语言，用的就是这种思维

2 形象思维
以直观形象和表象为支撑的思维过程。比如，艺术家在美术及音乐上的创作，往往会以这种思维为引导

3 抽象思维
借助语言形式，运用抽象概念进行判断、推理，以得出命题和规律的思维过程。其主要特点是协调运用分析、综合、抽象、概括等基本方法，从而揭露事物的本质和规律性联系

◎ 图 2-25　思维的种类

从具体到抽象、从感性到理性，认知必须运用抽象思维。抽象思维可分为经验思维和理论思维（见图2-26）。

① 经验思维

人们凭借日常生活经验或日常概念进行思维。儿童常运用经验思维，如"鸟是会飞的动物""果实是可食用的食物" 等属于经验思维。由于生活经验的局限性，易得出片面的经验和错误的结论

② 理论思维

人们根据科学概念和理论进行思维。这种思维往往能抓住事物的关键特征和本质。学生通过系统学习科学知识，来培养和训练理论思维

◎ 图2-26　抽象思维的两大类别

4）日常生活中常用的思维

一般来说，日常生活中并不以抽象思维为主，实际行动中的思维更多的是按照自己过去的经验去计划、去解决问题，而不是按照逻辑演绎的理性规则进行。日常生活中常用的思维如图2-27所示。

1　模仿式思维

2　探索式思维

3　以日常经验为基础的思维

4　以情绪为基础的思维

◎ 图2-27　日常生活中常用的思维

（1）模仿式思维。

模仿式思维是按照比照的规则进行思维。例如，在操作产品之前，先学习产品手册上的操作步骤，然后严格按照产品手册上的步骤

进行操作，这就是模仿式思维。

（2）探索式思维。

当人们失去经验依据，无法判断一个陌生现象时，往往先试探性地采取一个行动，来观察有什么样的反馈或结果，再根据这个反馈或结果，试探性地采取另一个行动，如此一步步接近目标。这种以实际的行动进行思维的过程，就是探索式思维，它实际上是一种尝试的方法。

（3）以日常经验为基础的思维。

以"行动—结果"为基础的思维是常用的一种思维。在实际生活中，我们往往关注的是自己的行动结果，把自己的行动与结果联系起来，构成因果关系。它的基本思维结构是"当我采取某个行动时，得到了某个结果"。学习操作各种机器、工具的基本思维方式就是建立这种因果关系。按照这种思维方式，我们积累了许多经验，学到了许多知识。

另外，在实际生活中，我们关注行动方式（器械性），从形状的含义发现行动的可能性。任何一个实物都具有一定的结构，特别是机械类型的产品，从它们的结构中可以看出其功能、行为过程、行为状态等。根据这些产品的使用经验采取行动也是我们常常用到的一种思维。

再者，我们也常常使用以"现象—象征"为基础的思维。通常，我们把一个状态或现象作为象征，表示另一个自己关注的事件。它的基本思维结构是"当出现某个现象时，象征着出现了什么结果"。例如，大型发电厂中的操作员在进行系统监督时，往往把各种状态或现象看作"安全"或"不安全"的象征。

（4）以情绪为基础的思维。

以情绪为基础的思维往往以愿望或想象为思维的出发点。例如，人们想象、推测某个产品可以实现某个功能，但实际情况有可能相反。

2.3.2　用户模型

1．用户的相关概念

产品的用户范围广泛，这就决定了用户的多样性。设计师要对产品所面向的人群进行细致的分析，以便建立各种用户模型。

1）用户的分类

产品的使用者就是用户，但使用者不一定是消费者。买老年保健品的可能不会自己使用，买儿童用品的也可能不会自己使用，所以在产品的营销手段上要针对消费者，在设计手法上要针对使用者。如果在设计手法上只顾包装美观，而不讲究质量，那就背离了设计师的基本职业操守。另外，产品的一部分使用者是潜在的，是即将或有机会接触到此产品的人群。

根据用户对产品的使用经验及熟悉程度不同，用户可分为以下 4 种，如图 2-28 所示。

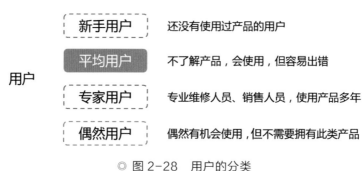

◎ 图 2-28　用户的分类

（1）新手用户。

还没有使用过产品的使用者，称为新手用户。对新手用户来说，由于从来没有使用过产品，就必须综合他们已有的对同类产品的使用经验，并以此学习产品的操作过程。新手用户是设计师的主要调查对象之一。从这些调查中，设计师可以了解到新手用户已有的使用经验，从而解决他们学习时间过长的问题。

（2）平均用户。

平均用户也叫一般用户或普通用户。他们能够使用产品，但不了解产品，不能对产品进行熟练使用，如果长期不使用，有可能忘记所学习的知识。在面临非正常操作的情况或新问题时，他们往往不能解决且容易出错。

（3）专家用户。

专家用户又称经验用户，如专业维修人员、销售人员。首先，这样的用户对产品极其熟悉，他们不仅了解现有的产品，包括同类产品的类别、型号、厂家、细节、操作性能，还对产品的不足之处，包括使用中容易出现的问题了如指掌。其次，他们在产品所在领域通常具有10年以上的使用经验，当然在计算机这个行业，这个年限可以大大缩短。他们对产品的纵向发展历程及横向相关领域的信息都非常熟悉。最后，他们使用产品的许多技能都已经成为自动化的习惯，比设计师更有使用经验。并且由于大多数专家用户具有较高的信息分析和综合能力，他们往往可以对产品进行改革创新。

专家用户对设计师来讲十分重要。通过与专家用户的访谈，设计师可以深入、系统地了解专家用户的普遍特性，总结他们的经验以进一步发现问题，这对产品创新有重要的意义。通过与专家用户的访谈，还有利于调查问卷的设计，使设计的调查问卷能抓住关键，从而保证调查问卷的有效性。

（4）偶然用户。

有些人不得不使用这款产品。例如，当操作员不在时，自己用复印机复印一些资料。他们偶然有机会使用这款产品，但不需要拥有此类产品，这些人被称为偶然用户。偶然用户在使用产品时很典型的一种心理就是陌生感和惧怕感，总是担心哪一步操作错误，引起不必要的麻烦。想要消除偶然用户的这种心理，设计师可以从多方面考虑。例如，提升产品界面的友好程度，采用一些方法改变产品的原有形象。最重要的是，要引导偶然用户完成正确的操作过程，也就是让偶然用户了解自己的每一步操作是否正确、下一步操作是什么。这就要求设计师设计的产品界面要满足用户的操作期待。

2）用户分析

设计的产品所面向的人群具有不同的特征，对其进行细致的分析是产品满足用户需求的关键所在。用户分析可以从生理特征和社会特征两个方面进行。

用户的生理特征，也可以说是目标用户的生理特征，包括性别、年龄、左右手倾向、视觉情况、是否有其他障碍等。不同的生理特征具有不同的产品需求。例如，女性手机的需求，可能是美观时尚、色彩柔和、形状圆润，而男性手机可能就要求稳重大方、功能方便。

用户的社会特征包括生活地域、受教育程度、工作情况、经济收入、产品使用经验等。具体地说，就是用户所居住的地域对产品有什么要求；用户是否受过高等教育，文化程度高低、素质高低；用户的工作地点、环境是怎样的，每天的工作时间是多少，如何分配时间；用户的收入在哪个等级；用户有无使用过同类产品、熟练度如何等。了解这些是为了更好地了解用户的需求，这些会直接影响所设计产品的风格、表达方式。

用户的价值观：对设计师来说，设计什么、怎样设计，首先要考虑和了解用户的价值观。用户的价值观决定了用户对什么样的产品是认可的。这种认可涉及信仰、文化、情感、认知、思维、行为等方面。这些因素对每个人的选择、行动、评价起着关键的作用。

2. 用户的价值观

对设计师来说，设计什么、怎样设计，要先考虑和了解用户的价值观。用户的价值观决定了用户对什么样的产品是认可的。这种认可涉及信仰、文化、情感、认知、思维、行为等方面。这些因素对每个人的选择、行动、评价起着关键的作用。

1）价值观

什么是价值？价值为人们提供了判断标准，影响人们对事件及行动的评价。价值也是人们情感寄托的基础。任何文化都具有价值标准，主要包括 3 个方面。第一，认知标准。即各种文化中多年沉淀下来的对一般事物的普遍看法及对真理的认同标准。第二，审美标准。中国普遍以柔和、婉约的造型为美，而西方国家则以几何的直线形为美。第三，道德标准。各种文化都具有道德的评判标准。尊老爱幼是中国的传统美德，而西方国家比较尊重个人的权利及隐私。

核心价值观是一个社会普遍认可并为之共同努力的价值观。从社会层面上讲，中国以家庭为核心，认可"家和万事兴"，而西方国家，如美国认可个人主义，认可通过个人奋斗实现个体价值。从产品设计层面上讲，工业革命之后，人们普遍认可"以机器为中心"的核心价值观，而如今人们认可"以人为中心"的核心价值观。

任何一款产品的设计都是为了满足社会中一定人群的需要，因此了解他们的价值观就是至关重要的。设计师要抓住"以人为中心"的核心价值观设计新的产品，满足人们的需要。而这些新的产品必须是符合人们的各种价值观的，如审美观念、文化观念、认知观念等。

例如，随着生活水平的日益提高，人们对于饮食更为关注，单纯吃得饱已经不是唯一目的，"如何吃得好、吃得健康"已成为我们关注的话题。通过摄取美味可口的食物获取身体机能所需的营养，又不至于过度摄取糖分、脂肪等是许多注重生活质量的人的追求。

大豆经常被描述为"田里的肉类"，它是植物蛋白、维生素、矿物质、膳食纤维和独特的大豆营养成分的重要来源。世界上很多研究

◎ 图 2-29　大冢制药 SOYSH 饮料（一）

人员和专家对将大豆作为食物来源有着相当大的兴趣。在日本，大豆被消耗在传统食品上，如豆腐、大酱、纳豆和豆浆。但不少消费者受不了大豆独特的气味和口感。为了让消费者通过一种简单且美味的方法来吸收大豆的营养成分，大冢制药开发出 SOYSH 这种可轻松摄取大豆营养成分的饮料，来取代大豆加工食品（见图 2-29）。

◎ 图 2-30　大冢制药 SOYSH 饮料（二）

SOYSH 是一种将大豆磨碎后做成液体，再加入碳酸的新型饮料。将其含在口中，除了大豆独特的味道，碳酸的刺激感也会在口中扩散开来。在适度的甜味和碳酸效果的辅助下，喝下 SOYSH 会让人产生清爽之感。加入碳酸的目的在于用它的清爽中和大豆特有的后味，以消除消费者的抗拒感（见图 2-30）。

建立用户模型的意义：帮助设计师在设计之前形成关于产品的服务对象的整体知识体系，从而减少设计的盲目性，为设计提供可靠的理论依据。

2）目的需要和方式需要

对核心价值的具体的描述分类称为目的价值，实现目的价值的各种具体方式称为方式价值。目的价值是根本，方式价值可以直接对产品设计进行指导。目的价值对应的是目的需要，方式价值对应的是方式需要。

对设计师来讲，发现目的需要很重要，而设计的多样性主要来自方式需要。设计师要在了解社会核心价值及个体核心价值的前提下，分析人们的目的需要及人们的目的需要下的方式需要，从方式实现目的入手，开发新的产品，引领新产品发展的方向，从而影响人们的生活方式。

3．用户模型的分类

用户模型是设计师应当具有的关于用户的整体知识体系，如用户的要求、用户的价值观、用户的行动特征、用户操作时的思维方式等。建立用户模型的意义在于帮助设计师在设计之前形成关于产品的服务对象的整体知识体系，从而减少设计的盲目性，为设计提供可靠的理论依据。一个完善、合理的用户模型能帮助设计师理解用户的行动特征和类别，理解用户的行动含义，以便更好地控制产品系统功能的实现。建立用户模型可主要参考行动心理学、认知心理学和社会心理学等。

1）理性用户模型

理性用户模型是由心理学家唐纳德·诺曼建立的。他把行动分为4个阶段——意图阶段、选择阶段、操作实施阶段、评价阶段，具体如图 2-31 所示。

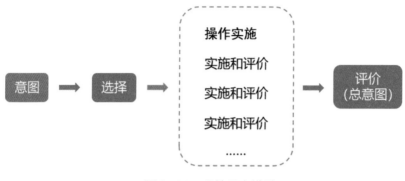

◎ 图 2-31　理性用户模型

在意图阶段，用户在心里形成操作意图。在选择阶段，用户的有些意图可以直接转化成行动，有些意图可能需要一定顺序的操作过程。在操作实施阶段，用户不断利用评价做出反馈。在评价阶段，用户会做出总评价，评价的标准为是否符合行动的总意图。

以上对行动阶段理论的总结高度抽象了各种行动的共同因素。但在各种具体的行动中所包含的心理因素远不止这 4 个。在任何操作中，都可能包含发现问题、解决问题、尝试、选择和决策、学习等因素。所以说，把行动分成 4 个阶段的用户模型是一种理想的行动模型，也是一种理性的用户模型，它忽略了行动中的具体特征，较难解决实际问题。

为了较好地解决设计师关于产品操作中的具体问题，有学者建立了非理性用户模型。建立任何一个具体的用户模型，都必须针对具体问题进行具体分析。

2）非理性用户模型

建立非理性用户模型的出发点除考虑一般的理性因素外，还要考虑非正常情况下的因素。例如，非正常心理因素、非正常环境因素、非正常的操作状态对用户行动的影响。

非理性用户模型打破了以往以理性思维为核心、不考虑用户的心理、惯用统一的调查方法的模式，建立了数据库的设计模式。非理性用户模型来自某个具体的设计对象，因为对象不同，所以整体知识体系就不同。

许多用户模型在整体上基本相似，这是源于人的认知的普遍性，但涉及具体问题时就会有所不同。例如，同样以产品设计为例，体力劳动工具的设计和脑力劳动工具的设计就会不同。所以，面向某一类的设计问题，是没有标准统一的用户模型的。在进行实际产品的设计时，设计师可以参考用户模型的设计方法，对每个具体的产品建立具体的用户模型。

一个用户模型应该主要描述用户的行动特征，一般来说可以从两个方面进行分析和描述——用户思维模型和用户任务模型。

用户思维模型是观察与分析用户的思维方式和思维过程的模型，是用户大脑内表达知识的方法，又称认知模型。例如，用户如何感知产品运行情况、怎样应对突发情况等。设计师应考虑用户的思维方式和思维过程，并由此提供与之相符的人机交流界面，这可以在很大程度上提高设计的可用性。

用户思维模型包含以下几个方面。第一是环境因素，包括用户、其他相关人员、操作对象、社会环境与操作环境、操作情境。第二是用户的知识，包括用户对一款产品的使用知识，也就是在以前的经验中所总结的关于产品怎样操作的概念。第三是用户行动的组成因素，包括感知、思维、动作等。感知是指操作中用户的感知因素（如视觉、听觉、触觉等）和感知处理过程，带有目的性和方向性。例如，用户在操作计算机时，什么时候想看（寻找、区别、识别）什么东西，在什么位置上看，在什么方向上想听什么，想感受什么样的操作器件。思维包括用户对操作的理解、对语言的表达，以及用户的逻辑推理方式、解决问题方式、做决定的方式等。动作是指用户的手和身体其他部位的操作过程。人的操作是由基本动作构成的，与动作习惯、操作环境和操作情境有关。

用户任务模型是观察与分析用户的目的和行动过程的模型。任务在心理学中被称为行动。按照动机心理学理论，一个行动包括 4 个基本过程，也就是理性用户模型的 4 个阶段。非理性用户模型更多关注情感、个性和动机等非认知因素。对于非理性用户的核心思想，不存在普遍适用的用户任务模型。针对每个具体的设计项目，设计师都必须进行用户行动过程的具体调查，系统地了解他们的行动特征，建立具体的用户任务模型。用户任务模型是用户为了完成各种任务所采取的有目的的行动过程。用户任务模型如图 2-32 所示。

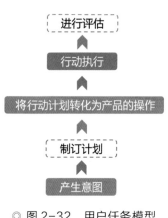

◎ 图 2-32 用户任务模型

（1）产生意图。

用户的价值和需求决定其对产品的使用目的。在操作产品时，用户有许多目的，怎样从可能的目的中选择一个目的，怎样把复杂的目的分解成若干个简单的子目的，这些都是需要考虑的关键问题。

（2）制订计划。

为了实现其使用目的，用户要建立行动方式，也就是制订行动计划。行动计划是指确定时间、地点、操作对象、操作过程的计划。

（3）将行动计划转化为产品的操作。

它是指实现人的思维到行动方式，再到产品的执行方式的转化操作。

产品设计的目标是实现一定的功能，产品的物质功能是产品赖以生存的根本。

（4）行动执行。

操作产品的过程中会遇到什么问题、用什么策略去解决，用户每完成一步操作，都会通过各种感知把中间结果与最终目的进行比较，然后纠正偏差继续行动或中断这一行动。

（5）进行评估。

完成行动后要检验上一步行动执行的结果。在这一步，要发现用户的全部目的和期望、全部可能的操作计划和过程、全部可能的检验评估结果的方法。评估结果最终可能使用户产生新的意图。

2.4 人的6个设计心理维度

2.4.1 功能心理

产品是具有物质（实用）功能，并由人赋予一定形态的制成品。在此，物质功能是指产品的用途与功用。产品设计的目标是实现一定的功能，产品的物质功能是产品赖以生存的根本。功能是相对人的需要而言的，产品的功能反映了产品与人的价值关系。人们购买工业产品是为了满足各种物质需要，不为人所需要的产品就是废品。这就是人们往往说"功能第一性"的缘由。产品物质功能的价值以需要和需要的满足为主要标志。人对产品功能的需要可以分为生活性的需要（如家用电器）和劳动工作性的需要（如各种机器设备、办公用品）。不论是哪种类型的产品，反映其功能属性的主要有三个方面：功能先进性、功能

◎ 图 2-33　产品的功能属性

围和工作性能。图 2-33 所示为产品的功能属性。

1.　功能先进性

这是产品的科学性和时代性的体现。运用当代高新技术的产品，能提供新的功能或较高的性能，不仅能满足人们求新、求奇的心理需要，而且能解决工作或生产难题，使人们的某些愿望得以实现，还能提高人们的生活和工作质量，使人们的生活和工作更轻松、舒适，从而获得心理上的满足。在此，先进性是相对而言的，将其他领域的技术引入某一领域而设计出的具有新功能的产品，也可认为是具有先进性的产品。例如，具有磁性台面的绘图桌、运用各种物理原理设计的玩具等，虽然这些物理原理并不是新技术，但其在这类产品中的运用则是新的尝试。

2.　功能范围

功能范围是指产品的应用范围，现代人们对工业产品功能范围的要求是向多功能发展的。例如，手表除可以计时外还有日历功能、闹钟功能、定时功能；而电子表的功能又与袖珍式收音机，甚至钢笔、玩具等相结合。随着移动技术的发展，许多传统的电子产品开始增加移动方面的功能，手表独当一面，内置智能化系统、搭载智能手机系统，从而实现多功能，能同步手机中的电话、短信、邮件、照片、音乐等。

多功能可给人们带来许多方便，满足多种需要，使产品的物质功能更完善而又有新奇感。例如，可调温、喷雾的电熨斗等更具有时代感。当然，功能范围要适度，过广的功能范围不仅设计、制造困难，增加产品成本，而且会带来使用、维护的不便。设计师可从对人们的

产品是供人使用的，是生产和生活中的一种工具，是人的"功能"的一种强化和延伸。产品的物质功能只有通过人的操作和使用才能体现出来，所以产品的功能与人的"功能"具有直接的联系。

功能需要心理的分析出发，将同一产品的不同功能设计成可供选择的系列产品。

3. 工作性能

工作性能是指产品的机械性能、物理性能、化学性能、电气性能等在准确、稳定、牢固、耐久、高速、安全各方面所能达到的程度，它显示了产品的内在质量水平。例如，声响设备的噪声、电视机的图像清晰度等均是消费者关心的问题。它是满足消费者功能需要心理的首要因素。考虑到上述因素而设计出的新产品，能使人们的需要得到满足，从而使人们感到舒适。从美学角度出发，可认为这种新产品具有"功能美"，因为它既有外在的合目的性（满足需要的使用价值），又有产品本身固有的机能和生命力。所以说，产品的美首先来源于功能。

2.4.2 使用心理

产品是供人使用的，是生产和生活中的一种工具，是人的"功能"的一种强化和延伸。产品的物质功能只有通过人的操作和使用才能体现出来，所以产品的功能与人的"功能"具有直接的联系。一方面，现代科技的发展使产品日趋复杂，一个人须观察的显示器和须操作的控制器有时多达几百个，高速、准确、可靠的操作要求，给操作者带来了前所未有的精神和体力负担，这就要求产品的人机界面能适应人的生理和心理特点。另一方面，现代人要求有较高的生活质量，使用产品时应感到方便、有效、舒适，这就要求设计师在进行产品设计时，应从使用性出发，使人和产品达到高度的协调。

1. 能力的协调

设计师应进行人机间合理的功能分析（见图 2-34）。人所承担的工作应是人的体力、精力所能胜任的。

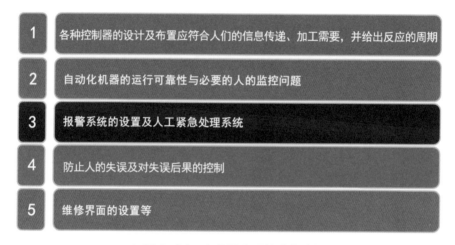

1	各种控制器的设计及布置应符合人们的信息传递、加工需要，并给出反应的周期
2	自动化机器的运行可靠性与必要的人的监控问题
3	报警系统的设置及人工紧急处理系统
4	防止人的失误及对失误后果的控制
5	维修界面的设置等

◎ 图 2-34　人机间合理的功能分析

2. 尺寸的协调

产品的尺寸必须符合人体各部位的生理特点及人体的尺寸（见图 2-35）。

| 1 | 工作台、坐椅等的设计如不符合人体的尺寸，就会让人感到不适、易于疲劳，久而久之就会引起相关肌肉的损伤，导致腰酸背痛等 |
| 2 | 各种控制器应设置在人触手可及的范围之内，以便操作及时、方便和省力 |

◎ 图 2-35　产品的尺寸必须符合人体各部位的生理特点及人体的尺寸

3. 感知的协调

产品的显示系统，如视觉系统、听觉系统等的设计应与人的感觉和认知生理特点相协调（见图 2-36）。

1	各种视觉显示信号应有良好的视认度，否则人会因眼睛的过度调节而导致视觉疲劳，以致形成误读、误判、误决策
2	各种视觉显示信号应尽量以正常视线或自然视线为中心进行布置，并布置在最佳视野或有效视野之内，以使人的双眼和头部处于比较舒适的松弛状态
3	声觉显示系统应易于辨别

◎ 图 2-36　产品的显示系统的设计应与人的感觉和认知生理特点相协调

4．生理现象的协调

人在观察事物或进行操作时有些特有的生理现象，而某些生理现象则是一种习惯。在产品设计中如不考虑这些生理现象，就会使人在工作中感到别扭、不适应，影响产品功能的发挥。生理现象协调的 6 个方面如图 2-37 所示。

1	人眼对光线的明暗变化有一个适应的过程
2	人在视物时会产生视错觉
3	人的视线习惯于从左向右转动或从上向下转动，习惯于顺时针转动
4	人手的动作向前、向右、向下要快，反之则迟钝些
5	大多数人的右手是优势手
6	显示器和控制器等布置的成组性、对应性和运动相合性，可使人集中注意力，提高记忆及反应的速度和准确性

◎ 图 2-37　生理现象协调的 6 个方面

5．心理的协调

上述各因素均会由生理上的不协调而影响到心理上的不适应。另

人机界面的设计应考虑使之有较多的个人趣味，或者增设提醒装置，使人既不会由于紧张而过度疲劳，也不会因工作负荷过轻而处于较低的觉醒水平。

产品的审美感是建立在人的情绪和情感的基础上的，它直接源于对产品外观的形态、色彩、肌理的感性知觉，是感知、理解、想象等多种心理活动的结果。

外，产品整体的空间布局、给人的安全感，以及使用方便、有效、舒适等心理因素都会对产品的形象产生影响。失误心理也是使用心理的组成部分。人的失误是由于人的意识在不够明确的内部状态下，受外部因素作用而产生的。产生失误是因为人的行为具有自由度（不稳定性），这实际上是人的可靠性问题。产生失误的因素有多个，其中有的是产品系统中潜在的。人机界面上的失误心理主要有觉醒水平和单调心理。许多失误是由于人的觉醒水平低、反应迟钝造成的。另外，失去工作兴趣、疲劳或异常兴奋，也会导致失误率上升。简单而重复的操作，不能发挥人的创造能力，就会使人形成破坏工作情绪的单调心理状态，从而提前产生心理疲劳，或者行动怠慢、工作分心，导致工作可靠性下降、失误增多。人机界面的设计应考虑使之有较多的个人趣味，或者增设提醒装置，使人既不会由于紧张而过度疲劳，也不会因工作负荷过轻而处于较低的觉醒水平。

2.4.3　审美心理

产品不仅具有物质功能，还能通过外在形式唤起人的审美感受，满足人的审美需要。产品与人的这种关系就是产品的审美功能，这是一种精神功能或心理功能。产品的审美感是建立在人的情绪和情感的基础上的，它直接源于对产品外观的形态、色彩、肌理的感性知觉，是感知、理解、想象等多种心理活动的结果。如果产品的外在形式能够使消费者产生审美愉悦，那它便有了一种"效用"或"价值"，即具有"审美功能"。审美是人类特有的一种社会性需要，是产品价值的重要组成部分。产品外观的形态、色彩、肌理能使人产生各种感受。

这些感受大致可分为两类：功能性的感受与情感性的感受。

1. 功能性的感受

功能性的感受即人的生理反应。形态的力感与柔和感、动感与稳定感是通过产品的形状及线条体现出来的。力感是产品所显示的气势。例如，直线可显示出刚直、严谨、意志。高层建筑、机柜等的垂直线主调，可引导人的视线向垂直方向延伸，从而获得挺拔向上、高大雄伟、刚劲庄重的视觉效果，体现为"力"的美；斜线主调则给人活泼、生动、变化的动感；曲线主调给人活泼、柔和感；流线主调给人运动、柔和感；而对称性结构及上小下大结构则呈现出稳定感。

研究表明，人体工程学座椅主要通过人身体的动作和位置的变化来适应身体。这种简单的椅子可以为你的身体提供一种舒适的方式，椅子采用了一种可以灵活变形的软绵材质，允许不同的位置互相变换形状，因此有非常好的适应能力，可调节靠背，以最大的舒适度来适应你的身体曲线（见图2-38）。

◎ 图 2-38　可以变形的椅子

色彩和肌理可体现出冷暖感、进退感、明暗感、膨胀与收缩感、轻重感、软硬感。例如，色彩有冷色、暖色之分，金属材料有生硬与冷漠感，而非金属材料则有柔和与温暖感（见图2-39）。

◎ 图 2-39　色彩和肌理可体现出不同的感觉

　　另外，视错觉会使人在视物时所得到的印象与物体的实际状态产生差异。视错觉的类型如图 2-40 所示。

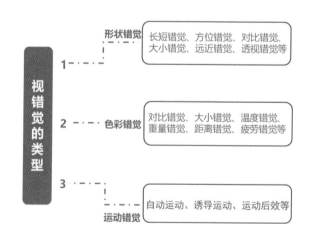

◎ 图 2-40　视错觉的类型

　　图 2-41 所示为镜面陈列柜。设计师萨姆·巴伦别出心裁地利用反射与倾斜镜面效果，为创意品牌 JCP Universe 设计了一款名为 Perflect 的陈列柜套组。

情感性的感受比功能性的感受要复杂得多，它因人而异，又受情感起伏、年龄增长、生活遭遇等变化的影响。

◎ 图2-41　镜面陈列柜

　　受中世纪及文艺复兴时期版画中关于透视与理想空间理论的影响，设计师在该项目中将几何学与视错觉结合在一起，在此基础上进行了深入研究。这是一套陈列柜，使用者可以利用这款陈列柜展示非常规的物品，从而凸显其独特性。在镜面柜板的反射作用下，柜中任何陈列品都会经过多次反射，产生多个影像，仿佛被多次复制了一般。陈列柜由金属薄片结构组成，设计师从想象的透视关系入手，赋予陈列柜边沿黑色的外观，这种黑色线条的效果能让人想到建筑制图的笔触，而整个柜子的全部面板外侧均被超镜面效果的面板覆盖。

2. 情感性的感受

　　情感性的感受主要源于联想。上述色彩和肌理的冷暖感、软硬感，以及兴奋与沉静感、华丽与朴素感、愉快与忧郁感等的感受中也包含联想的因素，它往往是与自然物联系而产生的情感。

　　然而，情感性的感受比功能性的感受要复杂得多，它因人而异，又受情感起伏、年龄增长、生活遭遇等变化的影响。例如，就色彩心理而言，处于不同时代和社会的人，因政治制度、思想意识、物质财富、生活方式不同而造就的社会心理，决定了人产生不同的色彩心理；不同国家、民族、宗教信仰的人，其气质、性格、兴趣等常反映为对色彩的喜恶不同；生活在不同地区和环境的人，其色彩心理不同，农村人受大自然平静色调和室内采光环境的影响，偏爱鲜艳色调，城市人则因人口密集、噪声大和快节奏的生活环境，而讲究雅致、文静、舒适的色调；性别不同则对色彩爱好不同，并且随年龄增长而变化；人还受不同经历、修养、情绪及场合的影响而形成不同的色彩联想。联想使色彩物化、情感化。再如，利用特有材料的自然特性（如质感、纹理和色彩）可以体现民族风格和地方特色，增添乡土情趣；在金属的台面涂以橘纹漆或覆以皮纹的人造革，就会形成温暖感、柔软感和乐于抚摸的亲切感。

所谓美观，是指产品整体所体现出来的全部美感的综合，是一个广义的概念。审美对象的形式先于内容（功能）而作用于视觉，直接唤起人们的感受。如果一款产品具有美的形式，通过视觉就可以立即唤起人们的美感，使之产生愉悦的心理，进而转化为购买的动因。所以，在产品设计中必须充分领会人的审美心理，运用诸如调和与对比、对称与均衡、概括与简单、过渡与呼应、比例与尺度、节奏与韵律、主从与重点、比拟与联想等美的形式法则，只有这样才能创造出一款具有良好审美功能的产品。

2.4.4　环境心理

产品是在一定环境中供人使用的，人、产品、环境三者构成一个有机整体。产品必须与环境及处于环境中的人的心理相协调，只有这样才能充分发挥产品的优势。影响人使用产品的环境主要有物理环境、美学环境、空间环境和社会环境。

在产品设计中应考虑与周围环境及其他设备之间在"形、色、质"等方面的协调。

1. 物理环境

以温度和湿度为主的工作场所的小气候环境对人的心理有直接的影响。在生理学上，对人体不适宜的小气候环境会使人感到不舒适、注意力分散、疲劳，从而影响工作效率和生活情趣。在产品设计中应根据不同的环境采取相应的技术措施（包括功能的和外观的）。例如，对使用于热环境的产品涂装冷色系，以弥补人心理上的不平衡。照明环境对视觉的影响是显而易见的。照明不足，会影响显示信息的视认度，导致人的眼睛因过度调节而极易感到疲劳，继而产生厌烦情绪。耀眼的眩光（直接眩光和反射眩光）会形成对视觉的过度刺激，使人感到不适和烦恼，也极易引起视觉疲劳，因而在产品的显示部位应采用亚光或无光的表面。产品上的局部照明应避免光源的直接暴露。噪声是一种令人不愉快的声音，给人嘈杂感和厌恶感，容易引起疲劳和头昏。长期处于噪声环境还会损害听力。因此，噪声是许多产品的一项重要性能指标。振动环境除引起噪声外，还会使产品产生共振继而影响到对显示系统的认读，因此对使用于振动环境的产品应采取减振措施、增强系统刚度、加大显示符号。

2. 美学环境

人的生活和工作环境不同，思想和情感境界也不同。产品是构成环境的一个部分，它或为环境添彩，或形成对环境的"污染"。干净整洁的环境能给人清新、整齐的简明感，杂乱无章的环境易使人感到心烦意乱。在产品设计中应考虑与周围环境及其他设备之间在"形、色、质"等方面的协调。产品尤其是大型产品的色彩应与环境色彩相协调，合理的色彩可实现理想的室内情感与气氛。据日本一些公司的调查，影响与控制室内色彩环境的重要因素如图 2-42 所示。

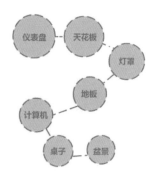

◎ 图 2-42　影响与控制室内色彩环境的重要因素

3．空间环境

开阔的空间给人舒展感，低矮的空间给人压抑感，前方空间太小给人碰壁感。在狭窄的电梯间或门厅处，可用镜面玻璃扩大空间感或丰富空间层次，以避免让人产生压抑感。

4．社会环境

这里所说的社会环境是指工作者与其他人之间的关系，这实际上是通过合理的功能分割，使人各司其职，减少相互之间的干扰。

2.4.5　消费心理

1．价值心理

设计师应善于站在消费者的角度来审视自己的"作品"。消费者对产品的要求无非是 3 个方面：实用、美观、经济。实用不仅要求产品具有先进和完善的诸多功能，而且要求产品安全、可靠和耐用。美观不仅要求产品具有形式美、结构美，而且要求产品具有制作精致的

如何把产品信息准确客观地传达给大众，以此来影响消费者的消费决策，这关系着产品的命运。

工艺美，以及"时尚"的特征，即具有较强的时代感及有较为持久的魅力，以免产品虽并未失去先进的物质功能，却由于"式样落后""不时髦"失去欣赏价值而遭到淘汰。经济要求是指产品的零件设计应具有良好的结构工艺性，组装结构应具有良好的装配工艺性，并选用适当的材料，以降低成本，使之具有良好的效能费用比。

2. 促销心理

消费者是企业的"上帝"，而消费者在行使"上帝"的权力时，往往依赖于他们对企业的产品与形象的了解和信任程度、接触机会和方式。市场竞争是优胜劣汰，有良好的产品是获胜的基础，但如何把产品信息准确客观地传达给大众，以此来影响消费者的消费决策，这关系着产品的命运。当然，产品的促销是一项综合性的系统工程，目前盛行的"企业识别系统"（CIS），在于使企业的产品及企业的内在精神、力量"昭示天下"，使消费者感受到它们的存在和价值。CIS的重要组成部分之一就是展示设计。展示设计是指对那些作为产品信息传达物（视、听觉）的设计，包括包装设计、广告设计、标志设计等，其最终目的在于传达产品信息，以最快的速度、最佳的效果让消费者了解产品，以促使其做出购买决策。展示设计可创造生动的审美形象，通过审美形象的诱导作用传达产品信息，以情动人，激发人们的购买欲，从而引发人们的购买行为。展示设计主要是视、听觉的审美创造活动。

（1）展示设计应具有显著的时代气息，使产品具有强烈的视觉冲击力，这主要体现为对现代艺术表现手法及现代科学技术的应用。在现代，时代气息还包含能体现历史感和文化美的民族风格，表现为对

設計并不只是被动地运用现有技术满足人们的现有需要，设计的创造意义表现为对社会约定俗成的突破和对人的劳动方式、生活方式的改变。

传统设计手法的继承和审美再创造。

（2）展示设计的审美创造，必须从产品所存在的环境出发进行综合设计。因为审美价值有一部分来自环境的衬托，它要求在与环境相和谐的基础上，追求差异、独特、鲜明的审美风貌和特征。例如，参加展览会的产品宜采用较为鲜艳的展览色，以形成视觉焦点，引人注目。

（3）展示设计应具有良好的直觉审美效应。"直觉"是在以往经验、理解的基础上，审美客体对主体的刺激引起主体的情感反应，使主体在想象中丰富了客体形象，留下鲜明的感受和印象。展示设计应具有易识、易记的特点。有人曾提出电视广告模式，认为人们从认知产品到购买产品的整个过程为：注意→知悉→联想→喜好→相信→购买。另外，商标的设计和合理运用，对消费者的心理有重要意义。商标是一家企业的标志，它以图案的形式表示企业这个实体，比企业全名更简洁、更形象、更容易识别和记忆。消费者看到这个标志就能联想到该企业的风格、精神、价值观。在产品的有关部位充分运用商标（指有信誉的商标）作为装饰要素，对企业产品进入市场、打开销路、占有市场至关重要。

2.4.6　创造心理

一切生产过程都是人们为实现一定目的，按照自己掌握的客观规律，对自然物质进行加工和改造的过程。这里的客观规律包括两个方面的内容：一是根据科学技术原理进行工程设计，二是根据人的种种心理活动规律进行工业设计。然而，设计并不只是被动地运用现有技术满足人们的现有需要，设计的创造意义表现为对社会约定俗成的突破和对人的劳动方式、生活方式的改变。新的劳动工具的出现会改变人的劳动方式，新的生活设施的创建会改变人的生活方式。所以，研究设计心理学不只是被动地研究消费者对产品的一般心理感受，更重要的是运用创造性思维和综合能力，开发出能使人生活得更美好的产品。因此，设计师还需要进一步研究人的创造心理，并运用这一心理指导产品设计。

1. 创造的内部动因（见图 2-43）

◎ 图 2-43　创造的内部动因

1）好奇心是创造的窗口

这里的好奇心是指人的求知渴望，科学的好奇心是对新事物的敏感与探求，它以原有经验和知识为基础，是在新的经验与原来固有的理论概念发生矛盾时产生的。创造的好奇心不同于儿童的好奇心，它一旦被激起，不到问题被彻底解决是不会平息的。发明家善于探索而又善于将好奇转化为不足为奇，善于提问而又善于解决问题。好奇心实际上是创造的最初动因，也是最基本的创造心理因素。

2）兴趣是创造的起点

兴趣是人的一种带有趋向性的心理特征，往往从好奇心发展而来，与情感有着密切联系。人们在从事自己感兴趣的工作时，能获得一种满足感。发明家的兴趣一般比较专一且持久，它不但随着情感而产生，而且引发了联想、记忆与想象等各种思维活动。兴趣一旦与事业心相结合，就能转化为志趣。

3）热爱与迷恋是创造的阶梯

兴趣的专一可能发展为热爱与迷恋。热爱表现得比较平和、真挚、深沉，而迷恋表现得比较狂热。由热爱而产生的巨大热情，是一种可贵的动力。

4）事业心是创造的基石

热爱与迷恋只有在和信念及责任感相结合时才能产生持续的动力并变成自觉的行动。只有把自己所从事的工作视为一种事业而愿为之奋斗，才能形成创造的最大动因——在事业心中加入了意志这一新的强大的心理因素。意志具有特别专一的方向性，并能激发人们顽强斗争的精神。

2．创造的外部动因

为了满足社会需要而进行创造，这是创造最基本的动因。社会需要为创造提供了取之不尽的源泉，也是创造的归宿。创造一般受到社会需要的调节和控制。新的创造只有为社会所需要，才会被社会所承认，也才具有价值。社会需要是人们实现自我价值的"园地"。

如果将内部动因视作后方动机，挑战心理就是一种前线动机，其特征为迎难性、支配性、冒险性、激奋性，在创造活动中表现出永不满足、勇于探索、不怕风险、标新立异，以及自信、意志坚定等品格。挑战心理对创造对象具有指向性和接触性，对目标盯住不放，不愿失去任何取胜的机会，并且迅速将创造的愿望转化为行动。挑战心理在平时表现为好胜心。在竞争动因的作用下，人们感受到存在着一种压力，为了战胜对手，就必须发挥自己的聪明才智。竞争从心理学方面来理解，就是自尊心与进取心的比赛，它能培养人的进取心、毅力和首创精神。一般的好胜心是高等动物具备的心理特征，但只是为了满足生理的某种需要，而智力上的好胜心是人类独有的心理特征。在一定的外部条件的刺激下，好胜心能够发展成创造的动因之一。好胜心有时可表现为一时的心血来潮，能长久起作用的原动力则是内部动因。只有把外部动因和内部动因统一起来，才能形成较强的创造动力。

3. 个性品质与创造才能

优良的个性品质是创造型人才取得成功的重要因素，其体现如图 2-44 所示。

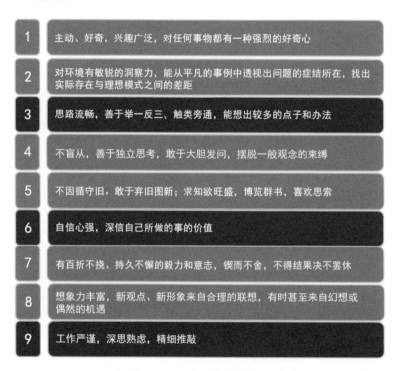

1	主动、好奇，兴趣广泛，对任何事物都有一种强烈的好奇心
2	对环境有敏锐的洞察力，能从平凡的事例中透视出问题的症结所在，找出实际存在与理想模式之间的差距
3	思路流畅，善于举一反三、触类旁通，能想出较多的点子和办法
4	不盲从，善于独立思考，敢于大胆发问，摆脱一般观念的束缚
5	不因循守旧，敢于弃旧图新；求知欲旺盛，博览群书，喜欢思索
6	自信心强，深信自己所做的事的价值
7	有百折不挠、持久不懈的毅力和意志，锲而不舍，不得结果决不罢休
8	想象力丰富，新观点、新形象来自合理的联想，有时甚至来自幻想或偶然的机遇
9	工作严谨，深思熟虑，精细推敲

◎ 图 2-44　优良的个性品质的体现

创造才能属于个体的智力品质范畴。根据创造心理学的研究，创造才能是可以培养、训练和发展的。它包括探索问题的敏感性、善于

产品设计取得成功的基本因素：设计师应善于研究用户对产品的各种心理状态，如功能心理、使用心理、审美心理、环境心理、消费心理等，并用于指导产品设计。

建立新概念和新联系的思维能力，以及控制思维活动的能力。创造才能既包含由浅入深、由表及里、去伪存真，以及运用符号、代码、概念来使思维简洁、明确、深入的各种办法；也包含对分析、综合、归纳、演绎、类比等哲学思维能力的运用；还包含进行联想比较、概念重组，保持思维灵活性和及时转换思维方向，交替地合理运用各种思维方式（抽象思维、形象思维）的能力，以及预测、评价、决策能力。它常常是若干智力要素的综合。

4. 创造的障碍

人的创造活动会受到许多条件的制约。从创造的三要素（创造者、创造对象、创造环境）的角度来看，不良的环境可妨碍创造活动，但影响创造活动的主要因素来自创造者本身，并且创造环境往往通过创造者主体的感受才起作用。而对设计师来说，克服自己身上的创造障碍远比改造环境要容易得多，并且即使有良好的创造环境，但不克服自身的障碍也将一事无成。研究创造的障碍，可以提高克服创造障碍的自觉性。

总而言之，产品只有为用户（消费者）所需要，才具有价值。一方面，设计师应善于把自己放在用户的位置上，从用户的角度来考虑和设计产品的各构成要素。或者说，设计师应善于研究用户对产品的各种心理状态，如功能心理、使用心理、审美心理、环境心理、消费心理等，并用于指导产品设计，这是产品设计取得成功的基本因素。另一方面，设计师必须充分研究和了解人的创造心理，运用创造性思维来设计产品，只有这样才能使自己的产品在众多的传统产品中脱颖而出，独占鳌头。

第 3 章

设计心理学研究

　　设计心理学是设计专业的一门理论课，是设计师必须掌握的学科。它建立在心理学的基础上，是把人们的心理状态，尤其是人们对于需求的心理状态，通过意识作用于设计的一门学问。它同时研究人们在设计与创造过程中的心理状态，以及社会及社会个体对设计所产生的心理反应，再反过来作用于设计，起到使设计反映和满足人们心理的作用。

　　设计心理学作为心理学的一个分支学科，主要沿用了心理学的一般研究方法，但由于研究者、研究对象、研究目的等的差异性，因此又有一定的特殊性。

3.1　设计心理学相关研究理论

3.1.1　Design O2O 思路

　　Design O2O 思路是整个 CORE 方法模型的理论基石。

　　人的大脑是一个超级存储器，人总是通过五感接收信息，被大脑识记，并且保存在记忆中。如果从事的是互联网设计行业，负责的都是偏电脑页面的一些设计工作，那么能发挥作用的主要是视觉和听觉。除此之外，线下某些实物的工业设计还会涉及嗅觉、味觉、触觉。"识记—保存—重现"是人类记忆的主要过程。重现包括回忆和再认两个环节，这里提到的主要是回忆，是指在一定诱因的作用下，过去经历的事物在头脑中的再现过程。

拥有记忆的人通过看见一些事物或听见某些信息，并和大脑保存的信息进行重合配对，唤醒了记忆，从而重现那些画面。在这个过程中，你的大脑已经在不知不觉中被刺激了，重现的画面在你的脑海里久久不能散去，以至于让你做出一些意想不到的事，也就是我们所说的情绪行为。以消费者为例，影响的就是其购买决策。现实生活中就有一群这样的人，人称"月光族""剁手党"。

Offline to Online（见图 3-1）将这个过程转化为设计，就是将线下的场景、人物、事件等还原到设计中，这是 O2O 业务模式在设计上的延伸，即 Design O2O。它印证了一句哲学思想：Everything is connected（万事万物都是互相联系的）。

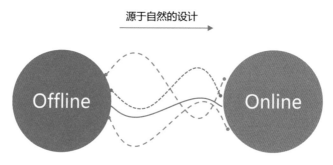

◎ 图 3-1　Offline to Online

O2O 业务模式将线下交易与互联网相结合，让互联网成为线下交易的前台。设计也是一样的，将线下的场景、人物、事件，甚至是过去所铭记的那些虚拟事物还原到设计中，让它们成为设计的灵感之源，成为连接线下和线上的桥梁。这些桥梁不一定长得一模一样，但通过不同设计师的不同设计手法会有一样的展现效果，并且它们都是可以触动人心的。

3.1.2　CORE方法模型

Design O2O 思路的核心到底是什么呢？如何通过这个思路指导我们完成触动人心的设计呢？其实这个思路的核心是一个叫 CORE 的方法模型（见图 3-2）。它包含 4 个阶段，分别是采集（Collect）、组织（Organize）、反应（Reaction）、评估（Estimate）。

◎ 图 3-2　CORE 方法模型

它们彼此间的相互作用形成了一种触动人心的设计方法。接下来将对整个方法模型进行详细的拆解，讲述每个阶段我们需要做的一些事情。

1. 采集

要想做触动人心的设计，必须充分了解用户内心的所想所感，了解得越充分越能接近用户的痛点或渴望，越能刺激用户的内心，从而实现设计目标。在这个阶段，通常可以在项目中使用移情图或用户体验地图，通过定性或定量的方式深入了解目标用户，也可以在平时多观察生活，通过照片日记的方式记录生活感受及生活中的点滴。车尔尼雪夫斯基说过，美是生活。生活中的点滴会给我们更多触动人心的灵感，让我们在设计的过程中游刃有余。

2. 组织

在采集阶段收集到的用户的所想所感，将在这个阶段进行再加工。之前通过 Design O2O 思路推导发现，没有记忆的人是难以被触发情感的。之后通过对记忆和情感的相关性剖析发现，记忆和情感都是人类认知的核心，记忆通常伴随着情感，而情感又有助于加深记忆。

所以，我们从记忆的角度对人们的情感节点进行了探究，继而发现人们的情感节点因人而异。做触动人心的设计最理想的情况是能够组织一些大家共有的情感节点，而不是寻找非常小众的个体的情感节点予以呈现，这在整个设计方法中是一项非常重要的原则。我们通过对记忆的研究并结合一些数据资料，推导出了 6 个可以引起用户普遍共鸣的情感节点（见图 3-3）。

◎ 图 3-3　6 个可以引起用户普遍共鸣的情感节点

（1）时期。例如，学生时代、童年之类的特殊经历时期。

（2）地点。好比故乡、家，大多数人都认为家是一种情愫。

（3）环境。这也是一个非常好的切入点。我们通常说触景生情，月亮的阴晴圆缺，雨天、晴天等不一样的天气能触发不一样的情感，撩拨内心多样的情感记忆。

（4）人物。柴静的雾霾调查《穹顶之下》引发了国人的共鸣，截至 2015 年 3 月 1 日 12 时，根据网络上公开的该视频的播放数据，它的总播放量已经达到 1.17 亿次，成为 2015 年首个传播广、影响大的现象级视频。在整段视频开始没多久，她就提起了她的女儿，当场就触动了很多观众内心最柔软的地方。

（5）事件。浪漫的、喜悦的、悲伤的事件也能触发不一样的情感。

（6）文化。通常与节日相关，如广告可以从这个角度入手，容易引起普遍的情感共鸣。

3. 反应

我们通过对大脑中记忆和情感的初步研究得出若干个情感节点，这些情感节点将在整个情感反应场中承担至关重要的角色。那什么是情感反应场？所谓情感反应场，就是通过象限图将组织阶段得到的情感节点放在 y 轴上，同时将采集阶段收集到的信息要素放在 x 轴上（x 轴上的信息要素可以是一个，也可以是多个），将 x 轴上的信息要素与 y 轴上的情感节点结合反应阶段形成情感载体的一种思维方法（见图 3-4）。

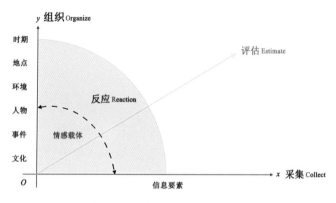

◎ 图 3-4　情感反应场象限图

4. 评估

我们通过情感反应场找到的情感载体并不都是可用的，需要对获得的各种情感载体进行评估。在这个阶段，我们可以通过"三境"验证法来评估和筛选情感载体（见图 3-5）。"三境"是指诗词中的"物境""情境""意境"，对艺术来说也有非常多的共通性。"三境"与 Design O2O 思路中的"'抄'现实""唤醒""向往"三个层次一一对应。

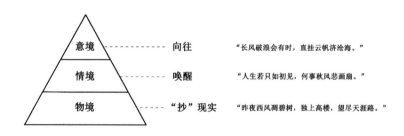

◎ 图 3-5　"三境"验证法

"物境"是什么？"昨夜西风凋碧树，独上高楼，望尽天涯路。"大家看这句诗词，有西风、有碧树、有高楼，非常凄美，是一个场景

以角色分析为基础的数据管理方法的主要思路：在产品开发初期，依据市场分析识别和构造出一个（或多个）虚构的典型角色原型，使其具有某类产品的需求共性，再将该角色放在相应的产品使用环境中，设想其将如何操作或使用该产品，从而获得更加明确的设计目标并配置相应的功能和外观组合，以提高产品的可用性、易用性，以及用户满意度。

描写。在设计的过程中，我们通常会使用"抄"现实的手法将基于目标用户经验和行为的场景予以还原，这就是物境。那更高一级的"情境"是什么？"人生若只如初见，何事秋风悲画扇。"这句诗词描写了一种对于过往的怀念情愫。在设计的过程中，我们也可以通过某些情感节点将用户的过往记忆唤醒，达到触动人心的目的。最高层级的"意境"又是什么？"长风破浪会有时，直挂云帆济沧海。"这句诗词是一种正能量的传递、一种向往、一种积极浪漫主义的情调。有位名人曾经说过："一个优秀的作品可以同时兼有三境，而不一定是其一。"

除上文提到的"三境"验证法外，我们还需要对这些情感载体进行真实性评估。什么是真实性呢？真实性就是判断情感载体是否可以真正有效地触达用户的内心。那如何评估呢？可以通过感知性度量、卡片分类、案例投票、专家调查等多种方式进行。

3.1.3　以角色分析为基础的数据管理方法

此方法将角色分析和以用户为中心的设计结合在一起，以用户需求原型为中心进行产品的设计开发。以角色分析为基础的数据管理方法是由"交互设计之父"艾伦·库伯于 1990 年提出的，其主要思路是在产品开发初期，依据市场分析识别和构造出一个（或多个）虚构的典型角色原型，使其具有某类产品的需求共性，再将该角色放在相应的产品使用环境中，设想其将如何操作或使用该产品，从而获得更加明确的设计目标并配置相应的功能和外观组合，以提高产品的可用性、易用性，以及用户满意度。虽然角色分析早先是针对软件的可用性设计提出的，但其方法同样适用于产品设计。通过角色分析，产品设计师可以站在用户的角度考虑问题，从而把注意力集中在用户需求和目标上，降低了其依靠自己的直觉或管理者的凭空想象来设计产品的风险。在产品设计中，可以根据主要角色和次要角色来确定产品开发项目的优先级，对于产品设计中的不同意见也可以依据角色预测与合理推演来解决。角色分析还可以用来在产品设计的各阶段评估方案，减少项目的花费和所需时间，从而减少进行可用性测试等。以角色分析为基础的数据管理方法的实施步骤如图 3-6 所示。

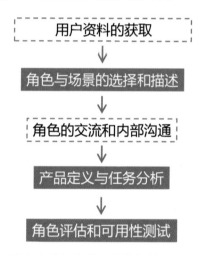

◎ 图 3-6　以角色分析为基础的数据管理方法的实施步骤

（1）用户资料的获取。通过访谈法、问卷调查法等有计划地实施调研，获取用户基本信息。

（2）角色与场景的选择和描述。这一步需要根据用户访谈及市场调研的资料来选择与产品有关的角色和场景元素，对角色和场景进行较细致的描述。例如，角色的姓名、性别、年龄、职业、生活习惯等。

（3）角色的交流和内部沟通。这一步包括制作角色模板，让与产品开发相关的人员认识、熟悉和评议该角色模板并在中间推广，便于在以后的设计活动和方案评审中有一个共同的交流平台及指向明确的目标。

（4）产品定义与任务分析。即以角色设定和场景要求为基础确定产品的概念与特征，包括产品的属性特征、轮廓，并在此基础上进行任务分析，确保后续的设计行为和产品开发项目可以支持用户的需求。这实际上是对用户需求的进一步梳理、分解和归纳。

（5）角色评估和可用性测试。

角色评估是指依据角色设定和场景要求来评估各阶段的设计工作进展及方案，以保证设计目标和任务能按预定的用户需求方向发展。

可用性是指在特定环境下，产品被特定用户用于特定目的时所具有的有效性、效率和主观满意度。尼尔森认为可用性有5个指标，分别是易学性、易记性、容错性、交互效率和用户满意度。产品只有在每个指标上都达到很好的水平，才具有较高的可用性。总体来说，可用性直接关系着产品满足用户的功能性需求的程度，是用户体验中的一种工具性的成分，是交互式产品的重要质量指标。

可用性测试是指在产品或产品原型阶段实施的，通过观察、访谈或观察加访谈的方法，发现产品或产品原型中存在的可用性问题，为设计改进提供依据的一种方式。可用性测试并非用来评估产品整体的用户体验，而是用来发现产品潜在的误解或其功能在使用时存在的错误。

可用性测试的具体操作方法包括观察和访谈。

观察是让一群有代表性的用户对产品进行典型操作，观察人员和开发人员在一旁观察、聆听，并做记录。观察的内容包括用户动作的起始位置与习惯顺序、操作的流畅程度、是否有迟疑、肢体和面部表情的变化等。

访谈是让用户陈述使用产品的体验、感受、遇到的问题，以及由自身出发提出建议。例如，您这样操作是为什么？这里遇到了什么问题？总体使用感受怎么样？觉得怎样设计会更好用？

该产品可能是一个网站、软件，或者其他任何东西，也可能尚未成型。测试可以是早期的纸上原型测试，也可以是后期的成品测试。

总而言之，角色分析是用来支持以用户为中心的设计方法和手段的，角色模型的使用主要为确定产品的个性而服务，因此在产品开发的过程中使用角色分析有利于设计出更能满足用户需求的产品。角色分析可以帮助我们在设计中了解和明确产品功能、稳定设计目标与方向、组织与整合设计资源、确定各阶段的方案及评估标准，以及进行设计的实时评估。因此，角色模型在确定产品概念、产品属性特征、产品使用环境，以及评估用户满意度和忠诚度上都应当发挥积极的作用，尤其是充当好联系产品与用户的媒介。

3.1.4　Kano 模型

产品是由诸多产品属性组合而成的。不同类别的产品因其本质属性不同而相互区别，同类的产品因其各方面属性不同、表现形式不同或整体的属性组合不同而各具特色。菲利普·科特勒认为产品属性的内涵是：产品包括能使消费者通过购买而满足某些需求的特性，这些特性称为产品属性。在工业设计中，产品属性是用户需求识别的客观反映。满足用户需求，实际上就是满足用户对产品各属性的需求。用户的心理需要反映在真实的市场中，就是产品的属性表现。因此，对产品属性的认识和总结是识别用户潜在需求的基础步骤。

Kano 模型通过强调产品各属性对用户满意度的影响来对属性分类。在 Kano 模型中（见图 3-7），横坐标表示某属性的具备程度，越向右表示具备程度越高（充足），越向左表示具备程度越低（缺乏）；而纵坐标则表示用户满意度，越向上表示用户满意度越高，越向下表示用户满意度越低。利用这个坐标轴的相对关系，可以把产品属性分为三类，分别是基本属性、期望属性和愉悦属性。

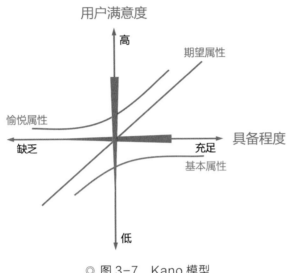

◎ 图 3-7　Kano 模型

1. 基本属性

这种属性在用户的基本需求得到满足后，对用户满意度的作用就会减小。它不会使产品间形成重要差别，仅能满足用户最低水平的需求，是各种产品的主要属性需求。可用图 3-7 中的下方曲线表示产品基本属性水准的相对满意。基本属性被称作产品的"必需"属性。产品只有满足了这种属性，才能让用户愿意购买。如果产品达不到一般的水准，用户就会有所抱怨，如果此时企业不能迅速地解决这个问题，就会使产品产生缺陷，大大降低企业的销售额。

2. 期望属性

用户对产品某些属性的需求是永无止境的，这种属性越好，用户满意度就越高。期望属性被称作产品的"需求"属性。它是产品竞争战略中最引人注目的一部分。可用图 3-7 中的斜 45° 线表示产品期望属性水准的相对满意。例如，不断地对手机整体形状进行美化设计，使其外部造型更适应时尚的要求。当然，前提是不增加额外的不合理成本或牺牲其他重要的属性指标。

3. 愉悦属性

这种属性能使用户具有意想不到的满足感，有时甚至能令用户欢呼雀跃。可用图 3-7 中的上方曲线表示产品愉悦属性水准的相对满意。对那些知道如何定位和发现尚未得到恰当满足的需求的创新型企业来说，愉悦属性无疑提供了较大的竞争优势。

Kano 模型可以用来衡量用户对具有竞争关系的产品属性的主观反应和满意程度，从而帮助设计师获取产品的优劣势，指导以后的产品设计。

3.1.5　感性及感性工学

1. 感性

"感性"一词来自日文，是明治时代的思想家西周在介绍西方哲学时所创造的一系列哲学用语之一，与"理性"相对，一直沿用至今，当时是指基于人类身体的感觉而产生的情感冲动和欲求。《现代汉语词典》（第 7 版）给"感性"下了这样一个定义："指属于感觉、知觉等心理活动的（跟'理性'相对）。"

本书中的"感性"是指"感性工学"中的"感性"。"感性"其实是一个日文词汇，由"かんせい"音译而来。日文中的感性与中文含义相同，所以国内沿用了这个词汇。日本感性工学专家长町三生教授认为，"感性"是人对物所持有的感觉或意象，是对物的心理上的期待感受。

感性是人们通过各种感觉，包括视觉、听觉、触觉、味觉、嗅觉等，对某种人工制品、环境或情况产生的某种主观感受。感性既是一个静态的概念，又是一个动态的过程。静态的感性是指人的情感，即某种意向；动态的感性是指人的认识心理活动，即从主体受到外界刺激到做出反应的全过程。

日本筑波大学原田昭教授指出："感性是主观的，是不可以用逻辑加以说明的脑的活动；感性是在先天中加入后天的知识与经验而形成的感觉认知的表现；感性是直观反应与评价的能力；感性是创造形象的心理活动。"

感性的 3 个层次如图 3-8 所示。

安全和可靠

① 这是对人们生活健康和安全的保证的最基本条件

便利和舒适

② 人们用生理和文化的方式减轻来自环境的压力，包括生理上的适应和文化上的适应

良好的情感和情绪

③ 当一款产品具有感性价值时，即产品与用户产生共鸣时，舒适（静态的愉悦）和快乐（动态的愉悦）将在人的感觉中显现出来，促使用户向该产品靠近

◎ 图 3-8　感性的 3 个层次

2. 感性工学

1750 年，鲍姆嘉通在《美学》一书中将美学定义为"感性的认识之学"，主张以理性的"论证思维"来处理非理性的"情感知觉"。可将其视为感性工学的渊源之一。

"感性工学"一词源自 1986 年日本马自达汽车株式会社的山本健一社长在国际汽车技术论坛——美国汽车工业公司和密歇根大学研讨会上做的一场演讲。该概念一经提出就被汽车界所重视。

感性工学是一项将用户意象和感受翻译为设计要素,并在新产品的开发上加以运用的技术,是一种以工程技术为手段、依据理性分析的方法。感性工学将感性问题定量或部分定量地表达,包括生理上的"感觉量"和心理上的"感受量"。感性工学的研究对象是人,服务目的是设计物或现象,可建立人与物之间的逻辑对等关系,并认为此关系为表现感性问题的唯一特征。

长町三生最早将感性工学分为三类,分别为感性语汇分类法、感性工学系统和感性工学建模。有的学者按照感性测量的方法不同,将感性工学分为"表出法"和"印象法"。前者主要指利用生理学上对视觉、听觉、触觉、味觉、嗅觉、痛觉、温觉、体觉、平衡感、时间感等的测量技术得到感性信息的感性工学技术。后者主要测量"内在"感受,在受测者接受不同程度的外界刺激后,让其以回答问卷的形式陈述自己的真实感受。

3. 感性价值

一款具有感性价值的产品应该是一款能让用户产生心理上的化学反应或能唤起用户的某种回忆、某种情愫,令用户产生偏爱之情的产品。这种情感让产品与用户相互影响、产生互动、引发共鸣,令产品的价值超越其功能及固有价值达到新的层面。

举个例子,一个水杯很好用,大小合适、方便携带、耐摔且不漏水,用户会愿意使用它。如果有另外一个水杯,同样具备上述功能,而且倒入热水后不烫手,用户可能就会将原来的水杯替换掉。可是,如果是一个对用户来说有特殊意义的水杯,或者是一个用了很多年产生深厚感情的水杯，用户就不会轻易地替换它。相反，用户可能会因为这个水杯爱上了喝水。可见，用户在情感上对它的"偏爱"高于它自身品质带来的价值，这种偏爱的价值是不能用理性和逻辑来衡量的。

制造方的设计能力、制造技术、对文化的理解等都会潜移默化地影响到其产品或服务。一款好的产品或一项好的服务，必须具备能够向使用方传达包含制造方信息的能力，在引起使用方共鸣的同时，创造出一种超出"高功能、高质量、低价格"的特别价值，即产品的感性价值，如图 3-9 所示。

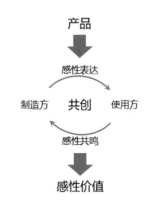

◎ 图 3-9 感性价值的创造

自 20 世纪 70 年代起，日本广岛大学工学部的研究人员就以在住宅设计中全面考虑居住者的情绪和欲求为开端，研究如何将居住者的感性需求具体化，这一技术最初被称为"情绪工学"。20 世纪末，日本设计师平岛廉久的一句口号"物质时代结束，感性时代来临"正式宣告了"人的时代"的到来。

在消费社会里，用户不仅关注产品或服务在功能上的表现，也关注其在情感方面的价值，甚至有的人对后者的关心程度比前者还要高，他们更多的是按照自己的主观评价来决定是否购买产品。人们对产品的关注由功能、可靠性、价格等传统因素，以及外观造型、色彩、材料、质感等因素，转向产品的文化、语义、情感等感性层面的因素。这些因素决定着产品是否可以得到用户的偏爱。

设计师也逐渐认识到，用户对产品个性的要求越来越高，对产品在感性层面的需求不断丰富。因此，在产品设计的过程中，在满足产品基本功能的前提下，设计师必须将满足用户的感性需求作为设计目标。

"基于感性目录的价值创造系统"是为发掘用户的感性需求，使用户的需求与技术相结合，而构建的一种全新的实践性研发体系。进一步讲，它是对用户的感性需求进行评估，发掘用户的潜在感性需求并将其应用于产品或服务，进而将创造的感性价值继续输送给用户的一种循环体系，如图 3-10 所示。

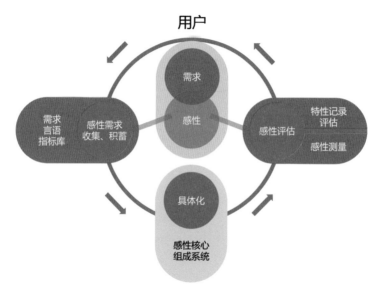

◎ 图 3-10　基于感性目录的价值创造系统

感性目录（见图 3-11）在形式上分横轴和纵轴两个方向：纵轴代表用户的三类感性需求，分别为安全和可靠、便利和舒适、良好的情感和情绪，可以用句子将用户的感性需求描述出来；横轴代表不同阶段（部分）的知识，如需求阶段、计划阶段、实施阶段、检验阶段，可以用表格的形式描述出来。

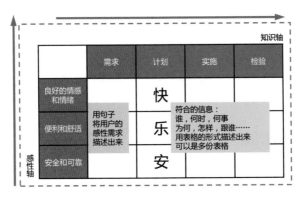

◎ 图 3-11　感性目录

感性目录具有三大功能。

1）感性需求的收集、积蓄，即需求言语指标库的建立

人们在日常生活中通过语言表达自己的情感，同样通过语言理解他人的信息。人类掌握了语言，使自古流传下来的技术和世界观、意识等文化积淀的传承成为可能。因此，通过构建一套由易于理解的简短语句构成的、可评估价值的评估指标，就可以实现具体的设计评估（在此称其为"特性记录评估"）。

需求言语指标库来源于两大部分：一部分是研究人员在研究活动中的假想需求，另一部分是实际的用户需求（见图 3-12）。

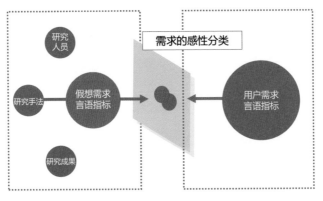

◎ 图 3-12　需求言语指标库的来源

收集到的需求被称为"需求言语指标"，将其整理成统一的文章形式，再进一步将感性需求进行分类，建立指标库（见图 3-13 ）。

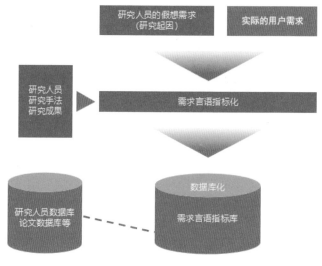

◎ 图 3-13　需求言语指标库的建立

例如，在对一款产品进行评估时，须列出一系列评估指标（见图 3-14 ）。

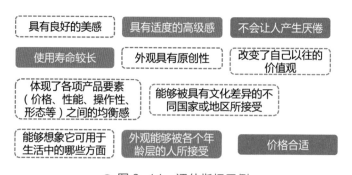

◎ 图 3-14　评估指标示例

2）将感性需求与研究对象进行具体化整合，构建感性核心组成系统

感性核心组成系统以归纳、分类后的需求言语指标为基础，将实

际的用户需求和研究人员的假想需求相结合，适合以感性为基础的全新研究主题和跨研究领域的实践型研发体系的构建。

3）感性评估

（1）特性记录评估（见图 3-15）。

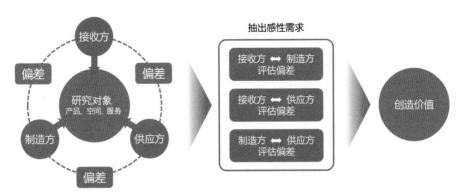

◎ 图 3-15　特性记录评估

如今，用户需求越来越多样化、复杂化。在产品开发的过程中，有针对专业人员的评估、针对用户的评估、针对产品功能和性能的评估等，这些评估手法都从单一视角出发，有着一定的局限性。另外，随着用户的设计意识不断增强，设计的价值逐渐为一般人所接受。

所谓特性记录评估，是指感性目录中负责感性评估的子系统。用户是各种各样人的集合体。根据用户与研究对象（产品、空间或服务等）之间的关系不同，将用户分为制造方（Producer，计划人员、设计人员、技术人员等）、供应方（Provider，销售人员、管理人员等）、接收方（Receiver，最终普通用户）三类。不论是站在制造方的立场，还是站在供应方的立场，又或是站在接收方的立场，不同的立场对于研究对象的认识和印象应该会有较大差异。

将三类用户的认识和印象差异看作针对研究对象的评估偏差，

将偏差进行图形化分析后展示出来，可以让各类开发人员认识到偏差的存在并对其进行深刻探讨。这需要举办讨论会来探讨偏差产生的原因。在讨论会中，根据评估调查的结果，针对存在偏差的内容，以小组的形式进行充分的交谈和讨论，探讨偏差产生的原因。这对提供感性价值创造的设计或制造活动而言非常重要，可以为开发人员思维方式的创新带来契机，推动产品、空间或服务的感性价值创造。

（2）感性测量。

感性测量包含心理评估及生理测量。一直以来在感性测量中被广泛使用的语义差异法（SD 法）及问卷调查法属于心理评估方法，它能获得简单明了的结果，但是存在个人差异较大、较难实施定量分析等缺陷。而生理测量可以获得定量的数据，获得不受主观影响的客观性评估结果。常用的生理测量方法包括对用户的血压、脑电波、脑氧代谢、心跳等指标进行测量，并做出评估。这样通过分别运用心理评估和生理测量的各自优点，互补性地进行测量和分析，便可实施综合性的评估与诊断，将评估结果运用到产品设计中。

3.1.6 3 条具有普适性意义的心理学定律

每个设计师都应该掌握一点心理学基础知识，以一些关键定律为设计指南，而不是强迫用户遵守某种产品或服务设计。下面将介绍和讨论的 3 条具有普适性意义的心理学定律，将大大帮助我们在日常设计工作中构建更加易用的、以人为本的产品或服务。

1. 席克定律（Hick's Law）

设计师的首要任务之一是整合信息，并以清晰的层级将其呈现出来。毕竟良好的沟通要求力求清晰。这就不得不提到第一条心理学定

席克定律认为，做决策所需的时间会随着可选择项的数量增加和复杂性增强而增加。

米勒定律预测人的大脑同时处理的信息数为 7(±2) 个。

律：席克定律。席克定律是日常设计中重要的交互设计定律之一，能够有效地帮助我们解决决策效率低导致的用户流失问题。

席克定律认为，做决策所需的时间会随着可选择项的数量增加和复杂性增强而增加。这意味着界面的复杂性增强会增加用户的处理时间，这点很重要，它涉及心理学中另一个理论——认知负荷，即人在面临的选择越多的时候，所要消耗的时间成本越高。例如，如果一家餐馆的菜单上有 100 道菜，食客在点到一半的时候可能就崩溃了，导致放弃在这家餐馆就餐；而假设菜单上只有 10 道菜，食客则会很快点完菜并享用这顿丰盛的美食。原因很简单，食客从 100 道菜中做选择所需要付出的时间成本太高，以至于中途放弃，而从 10 道菜中做选择则仅消耗很短的时间就可以完成这个操作。显而易见，我们更喜欢在左边的菜单中点菜，如图 3-16 所示。

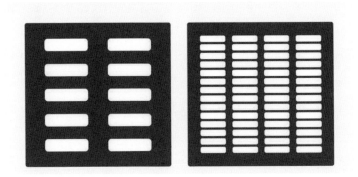

◎ 图 3-16　同样的菜不同的菜单，你会选择哪一个

2. 米勒定律（Miller's Law）

米勒定律预测人的大脑同时处理的信息数为 7(±2) 个。1956 年，

认知心理学家乔治·米勒发表了一篇论文，讨论了短期记忆和记忆跨度的极限。不幸的是，多年来人们对这一启发式结论有着诸多误解，导致"神奇的数字7"被误用来证明一些不必要的限制（如将界面菜单限制在7个以内）。

对电话号码的组块就是应用米勒定律的典型例子（见图3-17）。组块前的电话号码只是一长串数字，理解和记忆的难度高，而组块后的电话号码就十分容易被理解和记忆。"满屏文本"常常为用户带来困扰，而组块可以合理区分标题，恰当地处理句子和内容的长度，从而解决这一问题。

◎ 图3-17　电话号码被组块的例子

3. 雅各布定律（Jakob's Law）

2000年，易用性专家雅各布·尼尔森提出了这个定律，并描述了用户对设计模式的期望主要基于他们从其他网站所积累的经验。该定律鼓励设计师遵循常见的设计模式，以避免混淆用户或为用户带来更高的认知成本。该定律指出，如果用户已将大部分时间花费在某个网站上，那么他们会希望你的网站拥有与那些他们已熟悉的网站相似的设计模式。

如果所有网站都遵循相同的设计模式，那会让网站变得非常无聊。但在熟悉用户的过程中，我们可以挖掘出网站建设的价值点，这就引出了心理学中另一个对设计师很关键的基本概念——心智模型。

心智模型是我们对系统的主观了解和认识，特别是对它的工作原理。无论是网站还是汽车，我们在内心中都会建立一个关于系统如何运作的心智模型，然后将该模型应用于类似的新场景中。也就是说，我们在与新事物互动的过程中，使用的主要是以往的经验。

设计师可以通过匹配用户的心智模型来改善用户体验。这样，用户可以轻松地将已有的经验从一种产品或服务中转移到另一种中，无须额外了解新系统的工作原理。当设计师的心智模型与用户的心智模型一致时，良好的用户体验就得以实现。

缩小两者心智模型间的差距是设计师所面临的最大挑战之一。为实现这一目标，可采用多种方法：用户访谈、用户画像、用户体验地图等。这一切的关键不仅是要深入了解用户的目标，更是要深入了解他们现有的心智模型，并将其应用到我们正在设计的产品或服务中。

你是否思考过为什么表单控件被设计成现在的样子？因为设计师在内心有一个关于这些元素理应长什么样的心智模型。这个内在的心智模型源于其在物理世界中通过触觉反馈的对应物，如物理世界中已熟悉的控制面板、拨动开关、无线电输入接口，甚至按钮等（见图 3-18）。

◎ 图 3-18　控制面板元素和典型表单元素之间的比较

但需要警示的是，设计师既可以利用心理学来打造更易用的产品或服务，也可以滥用这些定律，创造出容易使人上瘾的应用或网站。如今，人们在坐地铁、乘汽车或走路时，大多成了"低头族"。有人认为，我们正处于一场"流行病"当中，因为我们的注意力正被手机所占据。

毫不夸张地说，移动平台和社交网络确实投入了大量精力来保持用户黏性，而且越做越好。这种成瘾性逐渐侵蚀人们的生活，从睡眠的减少到对社交关系恶化产生的焦虑情绪。很明显，这场争夺人们注意力的竞赛产生了一些意想不到的后果。当这些影响开始改变我们的生活方式时，它们就成了一种问题。

作为设计师，我们的职责是与用户的目标和期望保持一致，创造卓越的产品或服务。换句话说，我们应该借助技术手段提升用户体验，而不是用虚拟的互动和奖励来取代它。想要做出顺应道德的设计决策，第一步就要理解人类的思维是如何被利用的。

我们还必须思考什么该做和什么不该做。很多设计师团队都有能力构建所有用户能想象到的东西，但这并不意味着我们应该这样做——尤其是当我们的目标与用户的目标相悖的时候。

最后，我们必须考虑使用数据之外的指标。数据能揭示很多事情，但它没有告诉我们为什么用户会以某种特殊的方式使用产品，或者告诉我们产品是如何影响用户生活的。为了深入理解这一问题，我们必须倾听并接纳用户的意见，跳出屏幕与他们交谈，用定性研究进行设计优化。

以用户为中心的设计：在设计的过程中以用户体验为设计决策的中心，强调用户优先的设计模式。具体来说，就是在进行产品设计、开发及维护时从用户的需求和用户的感受出发，以用户为中心进行产品设计、开发及维护，而不是让用户去适应产品。无论是产品的使用流程，还是产品的信息架构、人机交互方式等，UCD都时刻高度关注并考虑用户的使用习惯、预期的人机交互方式、视觉感受等。

3.2　以用户为中心的设计

以用户为中心的设计（User Centered Design，UCD）是在设计的过程中以用户体验为设计决策的中心，强调用户优先的设计模式。具体来说，就是在进行产品设计、开发及维护时从用户的需求和用户的感受出发，以用户为中心进行产品设计、开发及维护，而不是让用户去适应产品。无论是产品的使用流程，还是产品的信息架构、人机交互方式等，UCD都时刻高度关注并考虑用户的使用习惯、预期的人机交互方式、视觉感受等。

UCD强调技术是为用户服务的，用户第一，并非技术第一。设计师需要考虑用什么技术来满足用户的需求，而不是这项技术是否够酷。从关注行业、关注产品到关注用户的转变，这一过程随着关注目标的变化而变化。唐纳德·诺曼曾说过："当技术满足了基本需求时，用户体验便开始主宰一切。"人性化的产品设计的实质就是根据环境在感性和抽象中寻找平衡。设计师需要深入洞悉每种全新设计所面临的风险，必须潜心解构其间的普适性和新奇性，权衡新技术的所失与所得。总而言之，找到完美的设计平衡，回归对于人性化的关注，这才是设计师的终点。

以用户为中心的设计包括的内容较多，在产品设计中，结构设计、交互设计、视觉设计都属于以用户为中心的设计。以用户为中心的设计的核心思想是站在用户的视角，以用户为中心，考虑用户使用产品的感受和体验。

著名的工业设计师迪特·拉姆斯有十条关于优秀以用户为中心的设计的准则，被称为"设计十诫"，如图 3-19 所示。

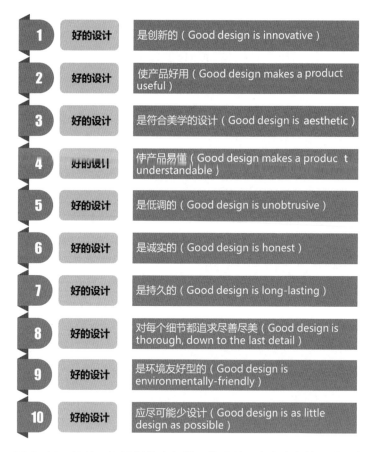

1	好的设计	是创新的（Good design is innovative）
2	好的设计	使产品好用（Good design makes a product useful）
3	好的设计	是符合美学的设计（Good design is aesthetic）
4	好的设计	使产品易懂（Good design makes a product understandable）
5	好的设计	是低调的（Good design is unobtrusive）
6	好的设计	是诚实的（Good design is honest）
7	好的设计	是持久的（Good design is long-lasting）
8	好的设计	对每个细节都追求尽善尽美（Good design is thorough, down to the last detail）
9	好的设计	是环境友好型的（Good design is environmentally-friendly）
10	好的设计	应尽可能少设计（Good design is as little design as possible）

◎ 图 3-19　迪特·拉姆斯的十条关于优秀以用户为中心的设计的准则

3.2.1　让用户感受到是创新的

好的设计是创新的（Good design is innovative）。创新的灵感无论如何是不会枯竭的，技术的发展总会给创新设计带来新的机会。创新设计总会伴随技术创新而发展，而且永无止境。

图 3-20 所示为 Moshi Otto Q 无线充电板。充电垫由柔软的材料制成，硅胶表面环和底座可确保手机保持在原位。Moshi Otto Q 还带有异物检测功能，如果检测到金属物体，Moshi Otto Q 会立即禁用。此外，智能 LED 可以清楚地显示手机的充电状态。该充电器与所有 Qi 设备兼容，可以快速为 Android 系统手机、iPhone、平板电脑等设备充电。

◎ 图 3-20　Moshi Otto Q 无线充电板

3.2.2　让用户感受到有用、实用

好的设计使产品好用（Good design makes a product useful）。用户购买一款产品是为了使用，因此它必须符合特定的标准。这些标准不仅是功能上的，而且是心理和美学上的。好的设计强调产品的有用性，并略去可能削弱这一点的一切因素。

日本设计师佐藤大于 2002 年设立的个人设计工作室 Nendo 与日本制笔品牌 Zebra（斑马）展开合作，共同推出了一款名为 bLen 的圆珠笔，主要关注构成书写过程的微妙动作（见图 3-21）。这款圆珠笔外观稳固结实，形状易于抓握，因此即便长时间使用也依然舒适。

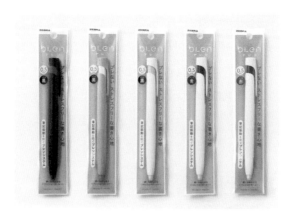

◎ 图 3-21　bLen 圆珠笔

（1）笔夹设计为扁平式，与笔身形状完美贴合，在书写时能保持稳定与平衡。

（2）按钮则设计为宽且扁平的形状，按动起来十分方便。设计师还将笔的技术信息展示在按钮上，这样的设计让人联想到专业绘图工具。

（3）设计师在圆珠笔的墨水囊与外壳之间设置了固定元件，能消除快速书写时产生的噪声。这样的设计让组成圆珠笔的多个细小元件保持在正确的位置，从而避免内部元件产生不必要的活动。

（4）为了让整个笔身更加稳定，设计师还在笔尖附近加入了黄铜配重，从而使整个笔的重心降低。这个配重设计也让笔尖与纸张的接触更加光滑、轻柔，从而显著地减少笔身由于书写时的向心力而产生意料之外的活动。不仅如此，设计师还在可伸缩按钮系统中加入了额外的弹簧，起到悬吊作用，进一步减少书写时的咔嗒声和其他噪声。

（5）为了提升书写的流畅体验，Nendo 与 Zebra 还共同开发出特制的墨水囊。为了使弯曲程度降至最低，此墨水囊比普通墨水囊宽0.4 毫米，还选用了浓稠顺滑的乳剂油墨。

3.2.3 让用户感受到美

好的设计是符合美学的设计（Good design is aesthetic）。审美品质包含在产品的有用性之中，而只有设计完善的产品才是美的。

图 3-22 所示为由 Nendo 设计的水母花瓶。设计师在装满水的水族箱中放置了几十个不同尺寸的水母花瓶，通过调控水流的力度和方向，使这些经过两次染色的由超薄半透明硅胶材质制作而成的花瓶如同漂浮在水中的渐变的颜色。这个设计重新定义了花朵、水及花瓶的概念。在这里，水的存在感消失，突出了漂浮的与花朵一体的花瓶，颠覆了以往简单的在一个有水的花瓶里插上花朵的行为模式。

◎ 图 3-22 由 Nendo 设计的水母花瓶

3.2.4 容易被用户理解

好的设计使产品易懂（Good design makes a product understandable）。好的设计使产品结构清晰，能让产品说话。

Scholz & Friends Berlin GmbH 为 3M 的消音耳塞开发了一个有趣的包装（见图 3-23）。设计师将高保真音响系统上常见的音量加减旋钮巧妙地融合到了包装盖上，简单有效地传达了消音耳塞对周围声音的阻隔效果。

◎ 图 3-23　消音耳塞包装

3.2.5　让用户感受到亲切和能够表现自我

好的设计是低调的（Good design is unobtrusive）。为实现人们的使用目的而生产的产品就像工具一样，既不是装饰品也不是艺术品。设计应该是中性的和自我约束的，留下空间让用户表现自我，从而让用户感觉到亲切。

Hevi 扬声器由粗糙的混凝土和木材混合而成，是一款 360° 模块化扬声器，具有温暖和质朴的美感（见图 3-24）。设计师将光滑的塑料板粘贴在中间，与其他普通的混凝土和木材形成了超现实的对比。更有趣的是，可将 Hevi 分解为两个扬声器。Hevi 的上半部分由中高频扬声器组成，而下半部分则是中低频扬声器，两者可分离。

◎ 图 3-24　Hevi 扬声器

3.2.6　让用户感受到真诚

好的设计是诚实的（Good design is honest）。好的设计不会让产品看起来比实际情况更加贵重，更不会尝试用无法兑现的承诺来应付用户。

易拉罐之所以叫易拉罐，顾名思义自然是因为它容易拉开。但事实上，这种"易拉"从来都是有条件的，就是你得需要有长度适当的指甲，只有这样才能轻松、潇洒地将拉环挑起来再拉开。如果你将指甲剪得一干二净，就会尴尬地发现，要不然就得牺牲一点指尖肉，奋力挤进拉环下将拉环挑起来，要不然只能另找工具将拉环撬起来。

为此，设计师在现有的易拉罐基础上做了一些创新（见图 3-25）。全新的创意主要包括两个方面：一是将拉环延长，架在罐子的边沿；二是将平行的罐子边沿改成一边高一边低的小斜坡。现在开启易拉罐，再也不需要在指甲的辅助下先将拉环挑起来，只需推着拉环沿着罐子边沿往上爬，利用杠杆原理，当拉环爬到边沿的顶端时，盖子也就轻轻松松地打开了。

◎ 图 3-25　创新的易拉罐

3.2.7　让用户感受到历久弥新、值得珍惜

好的设计是持久的（Good design is long-lasting）。好的设计应避免追求时髦，而是追求从不过时。好的设计历久弥新而令人珍惜——甚至在今天这个"用毕即弃"的社会中也是这样的。

日本高知县铁匠山下彻在设计了一款高碳钢鲸鱼刀（见图 3-26）。这些高碳钢刀由 5 种不同的鲸鱼构成一个系列，每个鲸鱼的嘴巴是锋利的刀片，尾巴则是手柄。

◎ 图 3-26　高碳钢鲸鱼刀

高碳钢鲸鱼刀一开始是该铁匠以抹香鲸为原型，专为儿童设计的铅笔刀、剪纸工具，但由于外形可爱、做工精良、刀片锋利，现在也被当作厨师刀、多功能用途刀，还是高知县非常热门和流行的纪念品，在正确的护理保养下，用上一辈子也没问题。

3.2.8　让用户感受到精益求精的细节关怀

好的设计对每个细节都追求尽善尽美（Good design is

thorough, down to the last detail）。设计过程中的关怀和精益求精表达了对用户的尊重。

Google Mate 是一系列旨在改善老年人生活的智能社交工具中的第一款（见图 3-27）。它不仅是一个有用的台灯，还包含各种互动功能。作为一个台灯，它可以通过声音或简单的触摸来激活。它本身也可以移动，像手电筒一样帮助人们在黑暗中穿过房间和走廊。这是 5 件套系列的核心元素，老年人可以用它来打电话、发信息、与家人分享音乐、查看新闻、设置警报和提醒等。凭借智能的功能和直观的控制，它同时鼓励独立性和与他人的社交联系。

◎ 图 3-27　Google Mate 智能社交工具

3.2.9　让用户感受到对环境的友好

好的设计是环境友好型的（Good design is environmentally-friendly）。好的设计能为环境保护做出重要贡献，可以使产品在有限的生命周期中节约资源，并最大限度地减少物理和视觉的污染。

小小的木块是我们通常毫不在意的废弃东西，但我们可能从来都没有想过，这只是意味着这些东西在我们的手中没有价值，并不代表它们就此永远丧失了华丽转身、成为美好事物的机会。倘若这些小木块遇见的是身为设计师及珠宝商的布瑞塔·博克曼，它们的最终归宿就绝不会是垃圾桶，而是与树脂材料融合在一起，成为独特、美丽、多样化的吊坠或戒指等珠宝首饰（见图 3-28）。

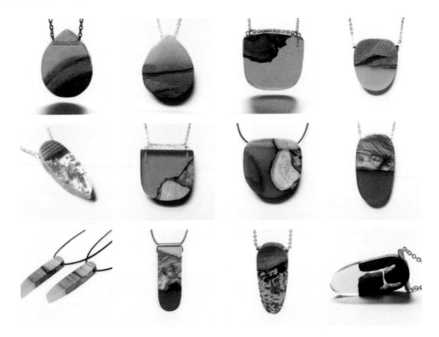

◎ 图 3-28 "碎木"首饰

3.2.10 让用户感受到至简带来的淳朴

好的设计应尽可能少设计（Good design is as little design as possible）。更少，但更好——因为它会集中在关键的方面。好的产品不会有很多不必要的负担，回归单纯，回归朴素。

Sfera 是一个设计和生产传统日用工艺品的日本品牌。它取天然材料制造出有机产品形态，依靠材料本身的色彩、纹理呈现出朴素的美感（见图 3-29）。

◎ 图 3-29　Sfera 产品设计

设计调查的主要目的：调查用户的需要，包括生态需要、持续生存需要、文化需要、操作使用需要、认知需要、审美需要及情感需要。

3.3 设计调查

设计师怎样才能发现用户的需要？只能通过一定的调查来完成。这种调查是在心理学的基础上进行的调查。设计调查的主要目的是调查用户的需要，包括生态需要、持续生存需要、文化需要、操作使用需要、认知需要、审美需要及情感需要。

本节将介绍设计心理学的研究方法，其中包括比较成熟的社会学调查方法、心理学调查方法、市场调查方法等，但是针对设计来讲，系统的调查方法还有待完善。许多人用市场调查来代替设计调查，但这样往往不能得到设计所需要的完整信息。下面分析一下设计调查与市场调查的区别。

（1）设计调查以心理学和社会心理学为依据，目的是调查产品的使用特征。市场调查主要针对销售产品，反馈销售信息，很难发现市场上不存在的产品信息。

（2）设计调查可以整合社会及个体对全新产品的期待，开发全新产品。市场调查是为了清楚已有产品在整体市场中的状态，从而保证企业的利润，只适用于已有产品的改良设计。

（3）设计调查中包含市场调查，市场调查是设计调查的一部分。设计调查往往从专家用户开始。通过对专家用户的访谈，有助于进一步发现各种具体的调查问题，设计调查问卷，对特定的问题进行一定数量的统计调查。

3.3.1　设计调查的目的和内容

设计调查的目的有两个，如图 3-30 所示。

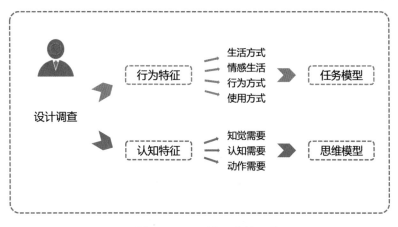

◎ 图 3-30　设计调查的目的

1．了解用户的行为特征

了解用户对产品的使用动机，包括与产品有关的用户的生活方式、情感生活、行为方式、使用方式，以及用户的想象、期待、喜好，通过调查分析出用户的价值观念、需要、使用心理。

在用户的行为特征方面，主要了解他们的操作目的、操作计划、操作过程、对操作的评价。获取这些信息后，可以建立任务模型。

2．了解用户的认知特征

了解用户使用产品的操作过程和思维过程，从而发现用户的需要，主要包括知觉需要、认知需要、动作需要。

在用户的认知特征方面，主要了解他们的知觉特性、思维特性、理解特性、选择和决断特性及解决问题的特性。获取这些信息后，可以建立思维模型。

设计调查包含很多内容，如图 3-31 所示。

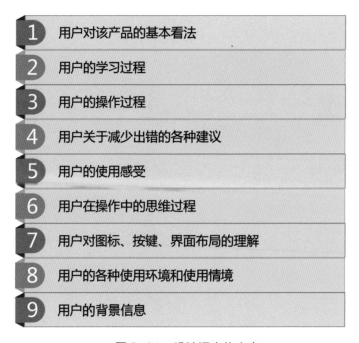

1 用户对该产品的基本看法

2 用户的学习过程

3 用户的操作过程

4 用户关于减少出错的各种建议

5 用户的使用感受

6 用户在操作中的思维过程

7 用户对图标、按键、界面布局的理解

8 用户的各种使用环境和使用情境

9 用户的背景信息

◎ 图 3-31　设计调查的内容

1）用户对该产品的基本看法

这涉及与该产品有关的用户的生活方式、情感生活、行为方式、使用方式等。

2）用户的学习过程

在用户学习操作产品的过程中，主要通过观察法和有声思维法得到用户的学习过程，特别是用户在这个过程中表现出来的与设计师的想法不同的操作方式。需要注意的是，在涉及关键的信息时要调查多个用户，比较他们的学习过程并进行归纳和总结。

3）用户的操作过程

操作过程是设计调查中的关键方面，即让用户完成一个任务，并且思考要做什么、怎么做、先做什么、后做什么。通过对操作过程的观察与记录，可以打破现存产品定式的思维模式，发现用户自发的思维模式。

4）用户关于减少出错的各种建议

用户在使用产品的过程中会出现各种各样的错误。对于经常出现的错误一定要特别注意，因为这类错误有可能是由设计引起的。认真聆听用户的建议对于改进产品的相关特性有重要的作用。

5）用户的使用感受

通过用户访谈和用户操作行为调查来了解用户的使用感受。在用户访谈中，专家用户的使用感受是对设计非常有用的信息。在设计调查中，要听取专家用户的使用感受，特别是维修人员。因为他们知道这款产品哪方面容易出现差错、哪方面容易损坏、怎样可以避免，这是维修人员多年来在修理工作中得出的经验。

6）用户在操作中的思维过程

用户在操作中的思维过程是很难把握的，用户的操作过程伴随思维产生。应如何理解用户的这一思维过程？一方面通过有声思维法，另一方面借助摄像等辅助工具，以便调查后再回顾。

7）用户对图标、按键、界面布局的理解

图标、按键、界面布局是易用方面必须考虑的问题，图标、按键、界面布局设计得是否合理对于操作的难易程度有很大的影响。

设计心理学的研究方法：观察法、实验法、调查法、心理测验法、个案法、经验总结法。

8）用户的各种使用环境和使用情境

在设计调查中，注明使用环境和使用情境有助于后期的数据统计。因为在不同的使用环境和使用情境下，用户的思维模式是有差异的。例如，在白天和夜晚不同的情境下操作同一款产品，用户的使用感受不同。也可以在调查用户操作行为的过程中，设计一个特殊的情境。例如，因时间紧迫而需要迅速拨打电话，用户着急地寻找电话号码、拨号……整个过程属于非正常思维下的操作。设计师可以利用其中得到的信息，设计紧急情况下的操作模式。手机的快捷键功能就可以实现这种紧急操作。

9）用户的背景信息

该信息对产品的市场细分及理解用户很有帮助。

另外，在对专家用户进行访谈后，不仅要写出调查过程和调查内容，更重要的是写出调查后的分析报告。其目的是搞清楚哪些问题需要进一步进行统计调查，哪些信息可以用来建立用户模型。分析报告可以以任务模型为主线来写，也可以以思维模型为主线来写，还可以将两者综合起来一起写。

3.3.2　设计心理学的研究方法

前面提到，设计心理学主要沿用了心理学的一般研究方法，但又有一定的特殊性。设计心理学的研究方法有观察法、实验法、调查法、心理测验法、个案法、经验总结法（见图 3-32）。

观察法：在自然条件下，对被观察者（如消费者）的行为进行有目的、有计划的观察和记录，以分析其心理活动和行为规律的方法。

- 观察法
- 实验法
- 调查法
- 心理测验法
- 个案法
- 经验总结法

◎ 图 3-32　设计心理学的研究方法

1. 观察法

观察法（自然观察法）是在自然条件下，对被观察者（如消费者）的行为进行有目的、有计划的观察和记录，以分析其心理活动和行为规律的方法。例如，观察消费者在购买过程中的表现，以了解其对设计产品的需求情况。

观察法通常在由于无法对被观察者进行控制，或者由于控制会影响其实际行为表现或有碍于伦理道德时采用。

从观察者和被观察者之间的关系来看，观察有两种主要形式：参与观察和非参与观察。其中，参与观察包括完全参与观察和半参与观察。

完全参与观察是观察者成为被观察者活动中的一个正式成员，其双重身份一般不为其他参与者所知晓。在完全参与观察中，观察者与被观察者有可能建立起密切的、直接的初级社会群体关系，从而了解到被观察者特殊的文化模式，以及他们的隐私或秘密。所以，这是各种观察形式中最深入、最全面的一种。但是，观察者的参与程度越深，越容易带上个人的感情色彩，也就越容易失去客观的立场，以至于在别人看来也许是很明显的现象，他们却由于习惯而察觉不出来。并且由于和被观察者接触过于密切，观察者在不知不觉中会形成倾向于被观察者的观点和情感，这样就容易使观察结果掺进主观成分。而在半参与观察中，观察者也参与被观察者的活动，但是他们的真实身份并不隐瞒，通过与被观察者的密切接触，使被观察者把他们当作可以信任的"外人"，从而能够接纳观察者。但是，终因半参与观察的观察者有着自己特殊的身份，不是群体中的一员，所以其了解问题的深度不如完全参与观察的观察者，对于比较隐秘的、与私人有关的事实很难了解到。由于这种方法较少带有个人的感情色彩，所以能保持观察者的客观立场。但是，由于观察者的特殊身份，被观察者可能有意地迎合观察者，故意表现和夸大某种现象而隐瞒对自己不利的方面，或者由于观察者深入生活不够，对于一些现象做出错误的解释，这些都有可能使资料被歪曲而造成偏差。

非参与观察是观察者不参与被观察者的活动，不以被观察者群体中的一个成员而出现。由于一般不需要被观察者的配合，所以观察者能够做到客观冷静。但是，这种方法往往会对观察环境和被观察者造成较大的干扰，从而导致观察结果失真。为了解决这个问题，观察者必须采取最不引人注目的姿态出现，要做到不露声色，不对被观察者表露出过分的兴趣，多听、多看，不提问、不加评论。如果条件允许，则可以与被观察者保持较远的距离，或者与被观察者隔离开，进行暗中观察。

根据观察要求不同，观察又可以分为长期观察和定期观察。长期观察是指在相当长的时期内进行系统性的观察，有计划地积累资料。定期观察是指在某一特定的时间里进行观察。例如，在每周中几个特定的时间里观察消费者的行为表现，待资料积累到一定量的时候进行分析和整理，得出结论。

为了避免观察的主观性和片面性，以便在观察时能够获得正确的资料，在使用观察法时应遵循以下几项原则（见图 3-33）。

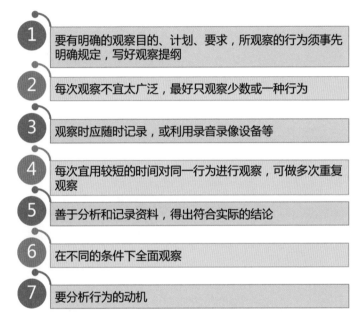

1　要有明确的观察目的、计划、要求，所观察的行为须事先明确规定，写好观察提纲

2　每次观察不宜太广泛，最好只观察少数或一种行为

3　观察时应随时记录，或利用录音录像设备等

4　每次宜用较短的时间对同一行为进行观察，可做多次重复观察

5　善于分析和记录资料，得出符合实际的结论

6　在不同的条件下全面观察

7　要分析行为的动机

◎ 图 3-33　在使用观察法时应遵循的 7 项原则

观察法的优点是可实地观察现象或行为的发生。观察者置身于被观察者之间，与被观察者融为一体，收集到的资料既原始又真实，有时还具有一定的隐秘性；可得到被观察者不能直接报告或不便报告的资料；简单易行，可随时随地进行，灵活性较高，观察者可多可少、观察时间可长可短，得到的资料也比较可靠。

观察法的缺点也很明显。观察者所要观察的事件有时是可遇而不可求的，只能消极地、被动地等待所要研究的现象或行为发生；并非全部社会现象都可以观察，人类社会中有许多现象是不适宜或不可能直接观察的；虽然观察者本意不想干涉被观察者的活动，但实验法：在控制的情境下系统地操纵某种变量的变化，并以此来研究此种变量的变化对其他变量所产生的影响的方法。

在通常情况下，观察者的参与在某种程度上会影响被观察者的正常活动；个人进行的观察，有时难免带有主观性和片面性，缺乏系统性。

观察法是收集资料的初步方法，是设计心理学研究的最基本、最普遍的方法。它使用方便，只要观察者合理运用，就可以收集到所需资料。随着现代科技水平的提高，观察者能借用先进的观察设备（如录音录像设备等）进行观察，这使观察效果更加准确、及时，并可减少观察者的数量。但观察法所积累的资料只能说明"是什么"，应用观察法只能了解被观察者心理活动的某些自然的外部表现，而不能解释"为什么"，即不能对其心理活动施加影响，从而更深入地了解其心理活动的过程。因此，由观察所发现的问题尚需用其他研究方法进行进一步的研究。

2. 实验法

实验法是在控制的情境下系统地操纵某种变量的变化，并以此来研究此种变量的变化对其他变量所产生的影响的方法。由实验者操纵变化的变量称为自变量，由自变量引起的某种特定反应称为因变量。实验须在控制的情境下进行，目的在于排除一切可能影响实验结果的因素（除实验变量外），即无关变量。在实验中，实验者系统地控制和变更自变量、客观地观测因变量，观察因变量受自变量影响的情况。因此，实验法不但能揭示问题"是什么"，而且能进一步探求问题的根源，即"为什么"。

用实验法研究设计心理学问题必须设立实验组和对照组，并使这两组在机体变量和实验条件方面大致相同，然后对实验组施加实验变量的影响，对对照组则不施加影响，观察并比较这两组的反应是否不同，以确定机体变量的效应。实验可分为自然实验和实验室实验。

自然实验是在实际生活情境中对实验条件做适当控制所进行的实验。自然实验的优点是把设计心理学研究与平时的业务工作结合起来，研究的问题来自实际，具有直接的实践意义。其缺点是容易受无关变量的影响，不容易严格控制实验条件。

实验室实验是在严格控制实验条件下借助一定的仪器所进行的实验。实验室实验的优点是对无关变量进行了严格控制，对自变量和因变量进行了精确测定，精确度高。其缺点是研究情境的人为性。

实验法作为较高级、较复杂的社会研究方法，在实施的过程中，有一些不同于其他研究方法的、需要特别注意的问题，主要有：实验者、实验对象和实验环境的选择，实验的过程控制，实验的信度和效度等。其中，实验的过程控制非常重要，主要包括两个方面：一是对实验变量的控制，二是对无关变量的控制。

3. 调查法

调查法是以收集被调查者的各种资料来间接了解其心理活动的方法。调查的方法有很多，包括谈话法、问卷法、访问法。

1）谈话法

谈话法是通过与被谈话者交谈的方式来了解其心理活动的方法，如通过谈话要求消费者本人进行口头回答。

谈话法既有优点，也有缺点。

谈话法是了解情况、收集正反两个方面心理与行为资料的一种最亲切、最直接、最深入的方法。谈话者除直接聆听被谈话者的言语外，还可观察其表情，随机应变，获得或发现一些重要的信息。谈话者可按照要了解的问题随时发问，并可对与所提问题有关的大量线索刨根问底。

但谈话法的最大局限在于，被谈话者可能存在警戒心理或不善表达，使谈话未必能获得应有的效果。

谈话法所耗费的时间与精力较多，对谈话者的素质与技巧也有较高的要求。

采用谈话法要注意的 3 点如图 3-34 所示。

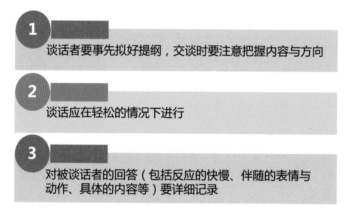

◎ 图 3-34　采用谈话法要注意的 3 点

还需注意的是，谈话法简单易行，但得出的结论有时带有主观和片面的成分。

2）问卷法

问卷法是采用问卷的形式进行设计心理学研究的方法。问卷法是研究者将其所要研究的事项制成问卷形式，请作答者填写的一种方法。问卷是研究者用来收集资料的一种方式，它的性质重在对个人态

问卷调查的目的：在作答者填写问卷后，得知他们对某些问题的态度、意见，然后比较、分析大多数人对该问题的看法，供研究者参考。

度、意见和兴趣的调查。问卷调查的目的主要是在作答者填写问卷后，得知他们对某些问题的态度、意见，然后比较、分析大多数人对该问题的看法，供研究者参考。在设计心理学研究方面，很多问题无法直接了解，只能通过问卷的方式进行间接了解。

问卷可以分为无结构型问卷与结构型问卷。无结构型问卷的结构较松散或较少，并非真的完全没有结构。这种问卷多用在研究者对某些问题尚不清楚的探索性研究中，一般被访问的人数较少，不用将资料量化，但必须向有关人士问差不多或相同的问题。对作答者来说，可以与其他作答者的回答相同，也可以完全不相同，回答格式自由。这种问卷属于开放式问卷，没有固定的回答格式与要求。结构型问卷属于封闭式问卷，是对所有作答者应用一致的题目，对回答有一定结构限制的问卷类型。

问卷还可以根据是否使用文字，分为图画式问卷与文字式问卷。图画式问卷比较适合文字能力较差的儿童与文化水平较低的人，在跨文化研究中应用较多。

问卷法的优点主要有 3 个（见图 3-35）。

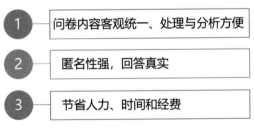

1 问卷内容客观统一、处理与分析方便

2 匿名性强，回答真实

3 节省人力、时间和经费

◎ 图 3-35 问卷法的 3 个优点

（1）问卷内容客观统一、处理与分析方便。问卷（尤其是结构型问卷）一般以相同的问题和标准化的回答格式让作答者填写，这样就能在一定程度上避免回答过程中的一些误差因素，得到较为客观的资料。同时，问卷法特别适合计算机处理和定量分析。特别是社会科学统计软件包（SPSS）的开发和运用，使问卷法方便、高效的优点更加突出。

（2）匿名性强，回答真实。在回答的过程中，作答者可以不署名，也不与研究者接触，因此能够真实地反映自己的观点和态度。所以，问卷法特别适合研究那些涉及人们内心深处的情感、动机等问题。除访问问卷外，问卷法人都间接进行，因此避免了研究者与作答者之间的相互作用，减少了各种心理干扰，有助于提高问卷调查的客观性。

（3）节省人力、时间和经费。问卷法可以在较短的时间内收集大量的资料，网络问卷还可以节省问卷的邮寄费用和人力，不必专门训练研究者，也不必派人分发和回收问卷，因此很适合进行大规模的调查研究。另外，问卷法是一种纸笔型研究，只要一份问卷就可以完成研究，比起实验法需要仪器设备、观察法需要录音录像设备等，更为简单易行。

但是，问卷法也有一些不足。一是灵活性差、适应性不强。问卷（尤其是结构型问卷）的问题和回答格式比较固定，不太灵活，这就使其难以适应每个作答者的实际情况。由于问卷法是一种纸笔型研究，尤其是文字式问卷，受文化水平的限制较多，那些文化水平较低的人常因不能理解指导语或未弄懂问题，而影响完成问卷的效果。同时，每个人对回答问卷的认真程度各不相同，遇到不负责任的作答者，随意填写问卷，也会影响对结果的分析。二是指导性较低。由于研究者一般并不在场，因此不能有效地指导作答者填写问卷，难以全面了解作答者的真实情况，对于作答者在填写过程中的情况不清楚、不理解也无法询问，这些都会影响到回答的真实性和准确性。三是较为复杂的问卷编制起来也相当困难。

3）访问法

访问法是根据事先设计的题目、内容同受访者（如消费者）进行交谈，利用交互刺激作用以期了解对方的行为、特性、动机及有关事实真相的方法。访问法通常以个人的叙述为基础，通过这种方法所获得的信息对于分析各种社会情况具有重大的意义。访问可以分为问卷访问和非问卷访问。

问卷访问实质上是一种结构性访问，也叫标准化访问或导向性访问、控制式访问。这种方法主要由访问者根据事先设计的调查表（调查大纲）或问卷进行访问。这种方法的特点是把问题标准化，由受访者主动回答或选择回答，因此资料比较整齐，易于整理和进行定量分析，适用于规模较大的调查研究。问卷访问主要通过以下3种方法来进行。

（1）邮寄法：访问者把问卷寄给受访者，由对方在填写完毕后寄回。这种方法适用于具体地址清楚和文化水平较高的受访者，但问卷的回收率往往较低。

（2）电话访问法：访问者利用电话同受访者谈话。这种方法的时间较快，拒绝访问的人较少，但访问的时间不能太长，内容不能太多。

（3）人员访问法：访问者与受访者直接对话，也可以在访问者的监督和指导下，由一群人填写问卷。这种方法收集的资料较多，资料的可靠性也高，且适用于调查任何对象。

需要注意的是，邮寄法和电话访问法的应用场景较少，大多数访问还是通过面对面的形式进行。

非问卷访问则是一种无结构性访问。这种方法事先不拟定问卷或定向的标准程序，只拟定粗略的调查大纲，由访问者和受访者就某些问题自由交谈。这种方法比较适合收集人们的情感、态度、价值观、信念等方面的资料，能使受访者充分表达自己的意见。非问卷访问主要通过以下 4 种方法来进行。

（1）重点集中法：把受访者安排到一个特殊的情境中，如看一场电影、听一段广播，让受访者自由说明这场电影或这段广播的意义，或者自己看完的反应，并让他们对情境做出解释。访问者先从这些反应中得到情报，再加以解释。有时，访问者也会提出一些事先准备好的问题，让受访者回答，但这些问题通常结构不严谨或完全无结构，受访者可以自由答复。

（2）客观陈述法：让受访者对自己或周围环境先进行一番观察再客观地说出来。也就是让受访者站在第三者的立场上来评价自己或有关事物。这种方法的优点是可使受访者有机会陈述他们的想法。访问者不但能获得资料，还能获得对资料的某些解释。其缺点在于，受访者容易过于主观，以偏概全。所以，要想使用这种方法，必须对受访者的背景、价值观、态度等有较为深入的了解，否则对资料的真伪程度便难以下断言。

（3）深度访问法：希望通过深度访问发现一些重要的因素，这些因素无法通过表面和普通的访问获得。因此，在深度访问前，往往要对一系列问题展开讨论。针对每个问题，几乎都要进一步探索其深层的含义，以便获得更多的资料。

（4）团体访问法：把许多受访者集中在一起同时访问。由于团体访问是许多人坐在一起，面对面讨论自己的问题，因此在访问的过程中很容易引发争论甚至冲突，这种争论或冲突表现了不同的人对同一事件的不同看法。

总之，非问卷访问需要较高的访问技巧，一般由研究者本人亲自访问。通过这种方法所收集到的资料不易比较，不能做定量分析，因此在大规模的调查研究中较少采用。

访问的目的是获得准确的资料，强调访问要点就是为了有效地达到这个目的。从某种意义上说，有效的访问要点是访问取得成功的关键。访问要点主要包括访问前的准备工作、如何进行访问和如何处理特殊情况。

（1）访问前的准备工作：包括情况方面的准备和工具方面的准备。

首先，访问者要了解受访者的一些基本情况，如生活环境、工作性质，以及由此形成的行为准则、价值系统，包括了解当地的一些风俗习惯、社会规范。在访问的过程中，访问者要采取符合受访者特点的问话方式，使问话的语气、用词、方式适合受访者的身份和知识水平。同时，要接纳和尊重当地的风俗习惯，赢得受访者的信任，把每个受访者都当作自己的朋友。

其次，访问者要做好工具方面的准备，常用的如照相机、录像机、录音机、纸张文具及访问用的表格或问卷等。照相、录像和录音要视情形而定，开始前要征得受访者的同意，否则会引起误会。

（2）如何进行访问：访问者和受访者接近以后，要先创造一个融洽的谈论氛围，消除受访者的戒备心理。

第一步要说明自己的身份，把自己介绍给受访者。

第二步要详细说明这次访问的目的，说明主题目的范围及子题目。当双方建立起了一种相互信任的关系后，访问者便可以提问了。

第三步是提问，在提问的过程中，一般的程序是按问题的先后次序一一提问，但要避免"冷场"，避免枯燥和机械。当受访者说到题外话时，访问者也要耐心地听，即使要把话题引回来，也要选择有利的机会，使对方察觉不出来。有些问题需要追问的，使用"立即追问""插入追问""侧面追问"等方法，以使受访者不感到厌烦为限度。

（3）如何处理特殊情况：在进行访问时各种问题都可能发生，访问者要具备较强的应变能力。对于拒访者，除耐心说明访问目的外，还要弄清对方拒访的原因，以便采取其他方法进行访问；对于不按时赴约者，只能下次再约；对于一些较感性的问题或受访者认为有关自身安全的问题，如每月收入等，也许他们不肯提供，这种情况只能耐心地解释或通过其他途径了解。

在调查中，访问法是一种使用非常广泛的方法，也是一种十分有力的方法，这和它的特点分不开。与其他调查方法相比，访问法的最大特点在于：访问是一个社会交往过程，访问者与受访者的相互作用、相互影响贯穿调查过程的始终，并对调查结果产生影响。访问法的这种特点是其他调查方法所不具备的，这就使访问法不仅能收集到其他调查方法所能收集到的资料，还能获得其他调查方法所不能获得的资料。后一种资料正是通过访问者与受访者的相互刺激与互动得到的。

既然访问是一个社会交往过程，那么交往成功与否将决定调查质量的好坏。相比其他调查方法，访问法能获得更多、更有价值的社会情况，是一种更复杂、更难以掌握的调查方法。

4．心理测验法

心理测验法是通过运用标准化的心理量表对受测者的某些心理品质进行测定，并以此来研究其心理现象的方法。心理测验法经常被用来研究个体之间心理品质的差异及个体行为各个方面的关系。例如，应用心理测验法可以研究设计师的智力与其设计知识、能力的关系。根据测验结果还可以对有关的消费者行为做出预测。

心理测验法的优点是可以在较短的时间内对个体或团体的某一心理品质进行较为精确的测定。

心理测验的分类如图 3-36 所示。

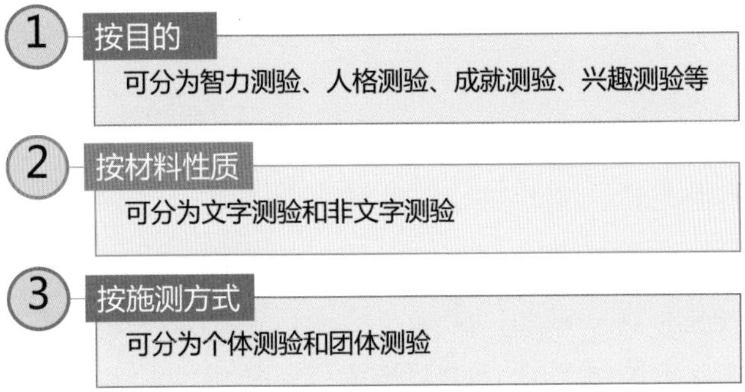

① 按目的
可分为智力测验、人格测验、成就测验、兴趣测验等

② 按材料性质
可分为文字测验和非文字测验

③ 按施测方式
可分为个体测验和团体测验

◎ 图 3-36 心理测验的分类

为了保证测验结果的准确性，在施测时要严格注意测验过程中的每个细节。

1）施测前做好充分的准备

例如，测验者要熟悉甚至精确地记住大部分的指导语和须进行的程序，以避免临时翻阅，或造成遗漏、增加、停顿，或给受测者暗示，影响测验结果。对于测验时使用的各种测验材料，要放在触手可及的地方，不可以过早地呈现在受测者面前，避免其分心或失去新奇感、兴趣而降低对测验的积极性。

2）测验时应有良好的环境

测验的场地应通风良好，有充足的阳光，安静，受测者的座位要舒适。测验过程中应尽可能避免他人的干扰。

3）测验者和受测者要保持和谐的关系

受测者的动机、对测验的兴趣及和测验者的关系对测验结果有重要的影响。对于不同年龄、性别、特征的受测者及不同的测验，测验者应该用不同的方法、技巧使受测者始终保持积极配合的态度。例如，在人格测验中，要求受测者以其平时的行为对问题进行坦诚的回答；在能力测验中，特别是操作性的测验，应该尽可能地鼓励受测者发挥自己的潜在能力。对于儿童，为了避免陌生、害羞、分心等因素影响测验结果，测验者可以利用一些时间与其进行适当的谈话、玩耍，待其紧张情绪消除之后再进行测验。对于一些因测验而产生过分焦虑情绪的受测者，测验者更应利用各种方法，消除紧张的气氛，向他们说明测验的意义、对测验结果保密的原则，以消除他们的顾虑，使之如实回答问题。总之，测验方法应该灵活多样，目的是使受测者与测验者建立和谐的关系，使测验达到比较好的效果。但应该指出的是，对于灵活性要有一定的限制，测验者必须保持对每个受测者的态度和指导语的一致性，否则不但会使测验结果产生差异，而且会使其失去可比性。

4）详细记录测验过程中受测者的各种反应

测验者应该详细记录测验过程中受测者的各种反应，以便与常模进行比较，并在解释测验结果时加以分析和说明。

5）明确测验者与测验的关系

测验者的年龄、性别、种族、文化程度、职业、人格特征、社会地位、测验经验等，均与测验结果有直接的关系。测验者应该由受过专业训练、熟悉测验过程、具备一定的测验经验的人担任，以尽量避免无关因素的影响，提高测验的效率。

由于人的心理活动受到各种复杂因素的影响，心理测验也会受到一定社会文化、历史、语言等因素的制约，因此心理测验的结果较易受到测验者与受测者主观动机、态度等因素的干扰，并非完全可靠。所以，许多心理品质若单纯用这种方法去研究是远远不够的。

个案法：以个体或由个体组
成的团体（如家庭或工厂）为研
究对象，进行深入而详尽的观察
与研究，以便发现影响某种行为
和心理发生、发展原因的方法。

5. 个案法

个案法是以个体或由个体组成的团体（如家庭或工厂）为研究对象，进行深入而详尽的观察与研究，以便发现影响某种行为和心理发生、发展原因的方法。它可以是对一个人的心理发展过程进行较系统、较全面的研究，也可以是对一个人的某一心理侧面进行研究。此方法是较古老的方法，由医疗实践中的问诊方法发展而来，是设计心理学常用的研究方法。

个案研究的目的有两个：一是对个案进行广泛、深入的考察；二是发展一般性理论，以概括说明社会结构或发展过程。个案研究属于深度研究的一种。

个案研究有 5 种类型（见图 3-37）。

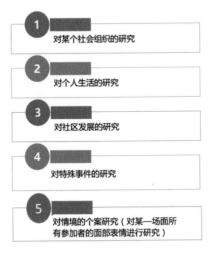

1　对某个社会组织的研究

2　对个人生活的研究

3　对社区发展的研究

4　对特殊事件的研究

5　对情境的个案研究（对某一场面所有参加者的面部表情进行研究）

◎ 图 3-37　个案研究的 5 种类型

个案研究一般包括 4 个步骤：确定案例、实地调查、整理记录、撰写报告。

1）确定案例

确定案例即选择案例并议定获得研究该个案权利的可能性。大多数个案的确定都有一定的偶然性，往往是研究者对可进行研究的许多个案中的一个产生了兴趣的结果。然而，每个个案研究都会扩大个案的集合体，因而对个案进行选择的理想方法是牢记被选个案与所收集到的个案的集合体的关系。在多场所个案研究中，所收集到的个案应包括与研究主题有关的所有重要变量。一旦选定了个案，就要和有关方面协商以获得研究该个案的权利。

2）实地调查

实地调查是指在现场或现场附近寻找、收集和组织有关事件或现象的信息。这一定义不仅包括现场的研究调查工作，而且包括在现场研究的间隙、晚上及周末所做的工作。实地调查包括收集资料、观察、面谈、测量或收集统计数据。个案研究资料的 3 个主要来源如图 3-38 所示。

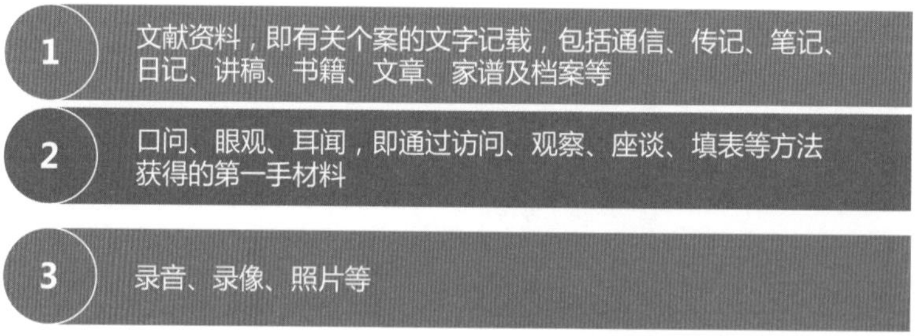

1	文献资料，即有关个案的文字记载，包括通信、传记、笔记、日记、讲稿、书籍、文章、家谱及档案等
2	口问、眼观、耳闻，即通过访问、观察、座谈、填表等方法获得的第一手材料
3	录音、录像、照片等

◎ 图 3-38　个案研究资料的 3 个主要来源

收集资料包括收集会议记录、信件、备忘录等对个案研究有价值的纪实资料，其他有价值的文件资料还包括日记、自传、回忆录、视听资料（如录音、录像等）。这类纪实资料是事件发展的有形线索，能帮助研究者重现事件发展中的一些情况。观察是指对事件或行为（包括言语）的感知。面谈主要由研究者引出话题，并掌握面谈的进程。

面谈一旦开始，研究者主要扮演聆听者的角色，对对方的言语或行为进行认真的记录。通常，进行参与观察的研究者要尽量在面谈中表现得随便一点，并使面谈向观察靠拢，把面谈拆分成众多简短的话题并在很随和的场景中进行对话。测量或收集统计数据则是在收集资料的基础上进行的进一步的整理、测量和分析，直接促进了调查结论的形成。

3）整理记录

到这一阶段，研究者手中已有很多观察笔记、面谈记录和统计数据。在个案研究中产生的原始资料叫作"个案记录"。实践表明，个案研究到此时往往会停滞不前。许多社会科学家习惯于处理经量化技术缩减过的数据，而在一大堆资料面前常止步不前。有两种整理记录的策略：一种是逐步缩减法，另一种是索引法。逐步缩减法是先从记录中选取一部分重要记录，然后去粗取精。索引法无须缩减资料，但仍需要做笔记，并逐步做出解释。当然，也可以用颜色笔在资料空白处做记号以组织资料。在实践中，研究者常将记录一分为二，一份作为原始资料，另一份供缩减或做索引用。

4）撰写报告

在报告中通常运用叙述、描绘、简介和分析等方法。叙述性报告有两大优点：直接与微妙。直接是指读者对叙述这种方法十分熟悉；微妙是指叙述性报告能通过精选信息让读者对不同的解释做出思考。描绘性报告试图在缺乏自然情节线索的描写性文章中保留叙述性报告中的某些特点。就像纪录片那样，将人物、事件及其所处环境的描绘合在一起构成了对个案的整体说明。和一幅精加工的画相比，简介性报告就像一幅速写。由于简介反映了个案的某一重要方面，因此对简介题目的选择本身就是一种解释行为。简介性报告通常是对某个事件的叙述或对某地、某人的刻画，从而使某个分析更具体形象。分析性报告对论点阐述明确，并在一切可能的地方引经据典。报告中的概念架构通常是作者自己确定的，这些架构常出自社会科学。尽管分析性报告不及叙述性报告那样描述精细，但它更为清晰。在报告的用词特点上，叙述性报告的用词比较含蓄，并用其派生意义，而分析性报告的用词则比较明确，并用定义的本义。

个案研究中的道德问题主要是指被调查者可能因研究者对个案的详细描述而被人认出。有些研究者认为对于个案的道德考虑不应成为寻求真理的障碍，而有些研究者认为道德是在解释和了解个案的权利范围内应考虑的问题。调查表明，采取强硬路线的属少数。目前对于被调查者的资料处理问题也存在分歧，如收集到的资料是应看成被调查者所有，从而由他们控制，还是应看成研究者所有，从而只依据他们的道德准则处理？有些研究者认为调查资料原则上应属于调查对象（被调查者），因此采取各种程序与他们协商并签订协议，使个案研究得以顺利进行，并保证自己能自主处理这些资料。但是，即使如此，被调查者仍不总是十分清楚该协议的全部含义。因此，许多研究者认为虽然签订协议是必要的，但签订协议后在研究中仍存在道德问题。尽管有关个案研究中的道德问题很复杂，但有一点很清楚，即每个研究者在用个案从事研究前，应该对道德问题进行周密的考虑，并对有关文献进行研究。

要使个案研究顺利且有效地进行，研究者除深入了解被调查者的各种情况外，还应与被调查者多接近，建立友谊，保持良好的关系，尽量为被调查者解决一些困难，使其充分信任自己，这样个案研究才会取得良好的效果。当然，如果能将个案法与观察法、调查法等方法配合使用，则可以更为有效地收集到所需的资料。

6. 经验总结法

经验总结法是通过对实践活动中的具体情况进行归纳与分析，使之系统化、理论化并上升为经验的方法。总结与推广先进经验是人类历史上长期运用的较为行之有效的研究方法之一。根据经验总结的具体实践过程可拆分出其一般的研究步骤：确定研究课题与对象；掌握有关参考资料；制订总结计划；搜集具体事例；进行分析与综合；组织论证；总结研究成果。

总结经验可以总结自己的经验，也可以总结别人的经验。经验是在实践活动中获得的知识或技能。由于这种知识或技能往往是凭借个体或团体的特定条件与机遇而获得的，带有偶然性和特殊性的一面，因此经验并不一定是科学的。它需要理论研究者和实践者进行一番总结、验证、提炼与加工工作。总结经验一般在实践活动中取得良好效果后进行。在总结经验时，一定要树立正确的指导思想，对典型事例用科学的立场和观点进行分析与判断，分清正确与错误、现象与本质、必然与偶然。经验一定要观点鲜明、正确，既有先进性、科学性，又有代表性和普遍意义。在进行经验总结时应注意：研究对象要有代表性和普遍意义；要以客观事实为依据，将定性与定量相结合；经验的介绍要尽量详细具体，不能笼统地说概念，要把做的过程写清楚；经验的总结要实事求是，最好有一些客观的数据指标；要全面观察与注意多方面的联系；要正确区分现象与本质，得出规律性的结论；要有创新精神。

可用于进行设计心理学研究的方法还有很多，如数理统计、因素分析、模糊数学、信号检测、计算机模拟等。上述几种只是基本的研究方法，它们之间不是互不关联和孤立的。设计心理学的研究方法也在不断发展和完善之中。随着科学技术的进步和社会的发展，设计心理学在研究方法上已经出现了一些新趋势与新特点，如研究方法的综合化、研究设计的生态化等。在一项具体的研究中，可综合地使用其中两种或几种方法，最重要的是根据不同的研究目的和不同的研究课题及研究对象，选择适当的研究方法。

第 4 章
产品设计中色彩的设计心理认知

视觉系统是人类感觉系统中重要的组成部分，而色彩和形状又是人们通过视觉感知世界最直接、最常起作用的特征。

以产品设计为例，产品设计的核心是以人为本，关注人的存在，了解人们在生活和工作中的真实需求。在产品设计的因素中，产品的色彩是决定产品受欢迎程度的很重要的一个因素。有关研究表明，人们在观察物体时，在最初的 20 秒内，色彩的影响占 80%，形状的影响占 20%；2 分钟后，色彩的影响占 60%，形状的影响占 40%；5 分钟后，色彩和形状的影响各占 50%。也就是说，人们在购买产品时，首先会被产品的色彩吸引，其次会注意到产品的形状。

因此，本章主要探讨产品设计中色彩的设计心理认知问题。

4.1 色彩的心理反应

色彩是客观世界实实在在的东西，本身并没有什么感情成分。在长期的生产和生活实践中，色彩被赋予了感情，成为代表某种事物和思想情绪的象征。色彩也是一种既浪漫又复杂的语言，比其他任何符号或形象更能直接地触达人们的心灵深处，并影响人们的精神反应。根据心理学家的研究，不同的色彩能唤起人们不同的情感，每个色彩都有其所独具的个性，具有多方面的影响力。色彩是多种多样的，除了光谱中所表现的红、橙、黄、绿、青、蓝、紫，还有很多中间色。各种色彩给人的感觉更是多种多样的，白色代表神圣、纯洁、素净、稚嫩；黑色代表神秘、稳重、悲哀、死亡；红色代表热烈、喜庆、温暖、热情；蓝色代表广阔、清新、冷静、宁静，等等。大自然中的万事万物都离不开色彩，人类生活中的一切都与色彩有着密切的关联。

4.1.1 色彩的冷暖感

色彩让人在心理上有冷与暖之分（见图 4-1）。不过，这只是色彩所具有的心理反应中最普通的一种。红色、橙色、粉色等就是暖色，可以让人联想到火焰和太阳等，让人感觉温暖；与此相对，蓝色、绿色、蓝绿色等就是冷色，可以让人联想到水和冰等，让人感觉寒冷。

在四季分明的温带地区居住的人们，能够更好地运用冷色与暖色。例如，他们可以根据季节的变化调整室内装饰品和服饰的色彩。即使很多人并不知道什么是冷色与暖色，但仍可以感觉到不同色彩的温度差，从而更好地调节自身的温度。

冷色与暖色让人感觉到的温度还会受到色彩明度的巨大影响。明度高的色彩，会让人感觉寒冷；明度低的色彩，会让人感觉温暖。与深蓝色相比，浅蓝色看上去更凉爽；与粉红色相比，红色看上去更温暖。

冷色与暖色在心理上的感觉因人而异。这种差异是由不同的成长环境和个人经验造成的。例如，在冰天雪地的北方长大的人，看到冷色会联想到冰雪，因此他们在看到冷色的物体时会感觉更冷；而在热带岛屿长大的人，看到冷色很难意识到寒冷，这是因为他们基本上没有寒冷的感觉。在热带，即使是海水也是温热的。因此，想知道某个人对冷色或暖色的感觉，必须先了解他的成长环境。

◎ 图 4-1　色彩的冷暖感

　　在酷热难耐的夏季，电风扇可以为我们消暑解热。很多家庭都有电风扇，可是你留意过它的色彩吗？电风扇一般为白色、黑色或灰色等冷色，很少见到红色的电风扇（见图4-2）。相信购买红色电风扇的人可能是为了装饰等其他目的吧。其实，不管电风扇的色彩是什么，从功能上讲都可以吹出一样的凉风，但红色等暖色会让人从心理上感觉温暖，因此当看到红色电风扇时，会感觉它吹出的是温暖的风。在闷热的夏季，这会让人感觉更烦闷。因此，还是白色、黑色或灰色等冷色的电风扇让人感觉舒服些。

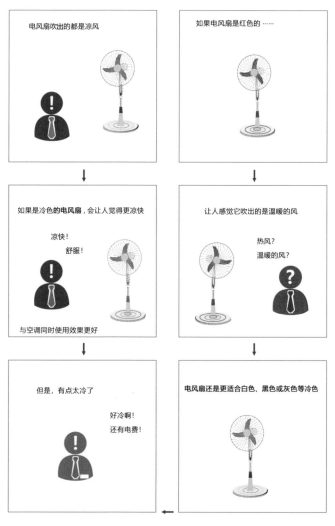

◎ 图4-2 电风扇的色彩设计

如果能熟练掌握冷色与暖色的使用方法，就可以很好地通过改变色彩来调节人的心理温度，减少空调的使用，从而节省能源、保护环境。

夏天，使用白色或浅蓝色的窗帘，会让人感觉室内比较凉爽。如果再配上冷色的室内装潢，就可以达到更好的效果。到了冬天，换成暖色的窗帘，用暖色的布做桌布，将沙发套也换成暖色的，则可以让人感觉室内很温暖。暖色制造暖意比冷色制造凉意的效果更显著。因此，怕冷的人最好将房间装修成暖色系。实验表明，冷色与暖色可以使人对房间的心理温度相差 2 ~ 3 摄氏度。还有一个实例，有些餐厅和工厂的装修为冷色系，结果到了冬季就会收到顾客或员工的抱怨，而把色系改为暖色之后，这种抱怨就大大减少了。由此可见，色彩可以起到调节温度的作用，虽然只是人的心理温度，但至少可以让人感觉舒适。

4.1.2　色彩的距离感

你知道吗，色彩还有另外一种效果。有的色彩看起来向上凸出，而有的色彩看起来向下凹陷，其中显得凸出的色彩被称为前进色，而显得凹陷的色彩被称为后退色（见图 4-3）。前进色包括红色、橙色和黄色等暖色，主要为高彩度的色彩；而后退色则包括蓝色和蓝紫色等冷色，主要为低彩度的色彩。

前进色和后退色的色彩效果在众多领域得到了广泛的应用。例如，广告牌大多使用红色、橙色和黄色等前进色，这是因为这些色彩不仅醒目，而且有凸出的效果，让人从远处就能看到。在同一个地方立两块广告牌，一块为红色，另一块为蓝色，从远处看红色的那块要显得近一些。在商品宣传单上，正确使用前进色可以突出宣传效果。在商品宣传单上，把优惠活动的日期和商品的优惠价格用红色或黄色的大字显示，会产生一种冲击性的效果，相信很多顾客都无法抵挡优惠价格的诱惑。

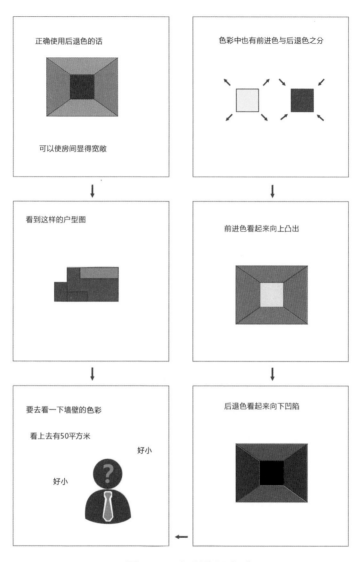

◎ 图4-3 色彩的距离感

此外，在工厂中，为了提高工人的工作效率，管理人员进行了各种各样的研究。例如，根据季节适时地更换墙壁的色彩，夏季涂成冷色，冬季涂成暖色，可以有效调节工人的心理温度，使他们感觉更加舒适。合理搭配前进色与后退色则可以减轻工作场所给工人造成的压迫感。使用明亮的色调可以使房间显得宽敞、无杂乱感，这样的环境可以提高工人的工作效率。

在化妆界，前进色和后退色更是得到了广泛的应用。合理运用色彩可以帮助化妆师画出富有立体感的妆容。可以制造立体感和纵深感的眼影就是后退色。

国外曾有人进行过统计，在各种色彩的汽车中，发生交通事故概率最高的要数蓝色汽车，然后依次为绿色、灰色、白色、红色和黑色

等。蓝色是后退色，因此蓝色汽车看起来比实际距离远，容易被其他汽车撞上。如果不从被动发生交通事故的角度考虑，而把所有发生交通事故的汽车都统计在内，也有统计结果表明黑色汽车发生的交通事故最多。

汽车发生交通事故是由多种原因共同造成的，所以无法简单地将汽车色彩与交通事故之间认定为因果关系。而且，不同的时间段，汽车色彩的视觉效果也不相同。然而，有一点是毫无疑问的，那就是汽车色彩的可视性、前进色和后退色等性质的不同与交通事故发生概率的差异是高度关联的（见图4-4）。因此，我们在路口时要特别注意对向行驶的蓝色汽车，在高速公路上要特别注意自己前方的蓝色汽车。

◎ 图4-4　汽车的色彩设计

4.1.3 色彩的大小感

你听说过膨胀色和收缩色吗？像红色、橙色和黄色这样的暖色，可以使物体看起来比实际大；而蓝色、蓝绿色等冷色，则可以使物体看起来比实际小（见图 4-5）。物体看上去的大小，不仅与其色彩的色相有关，明度也是一个重要因素。暖色系中明度较高的色彩为膨胀色，可以使物体的视觉效果变大；而冷色系中明度较低的色彩为收缩色，可以使物体的视觉效果变小。像藏青色这种明度低的色彩就是收缩色，因此藏青色的物体看起来就比实际小一些。明度为零的黑色更是收缩色的代表。例如，看到有女同事穿黑色丝袜，我们就会觉得她的腿比平时细，这就是色彩的魔力。实际上，女同事只是利用黑色的收缩效果，使自己的腿看上去比平时细而已。可见，只要掌握了色彩心理学，就可以使自己变得更完美。

此外，如果能很好地利用收缩色，则可以"打造"出苗条的身材。在搭配服装时，建议采用冷色系中明度低、彩度低的色彩。特别是下半身穿收缩色的裤子，效果立竿见影。下半身穿黑色裤子，上半身内穿黑色 T 恤衫外搭其他收缩色的外套，敞开衣襟，效果也很不错，纵观全身的黑色线条也非常显瘦。可是，虽然黑色"等于苗条"，但是如果从头到脚一身黑，也不好看，会让人感觉很沉重。黑色短裤配白色 T 恤衫是比较常见的搭配方式。如果反过来，白色短裤配黑色 T 恤衫，就会显得很新潮。白色短裤、白色 T 恤衫配黑色衬衫的话，也很时尚。

在室内装修中，只要使用好膨胀色与收缩色，就可以使房间显得宽敞明亮。例如，粉红色等暖色的沙发看起来很占空间，使房间显得狭窄，给人压迫感；而黑色沙发看上去要小一些，让人感觉剩余的空间较大。

◎ 图 4-5　色彩的大小感

4.1.4　色彩的时间感

　　色彩可以混淆人的时间感。人看着红色会感觉时间比实际时间长，而看着蓝色则感觉时间比实际时间短（见图 4-6）。请两个人做一个实验，让其中一个人进入粉红色壁纸、深红色地毯的红色系房间，让另外一个人进入蓝色壁纸、蓝色地毯的蓝色系房间。不给他们任何计时器，让他们凭感觉在一小时后出来。结果，在红色系房间的人 40 ~ 50 分钟后便出来了，而在蓝色系房间的人 70 ~ 80 分钟后还没有出来。有人说，"这是因为红色系房间让人觉得不舒服，所以感觉时间特别漫长。"确实有这个原因，但也不尽然。最主要的原因是人的时间感会被周围的色彩扰乱。

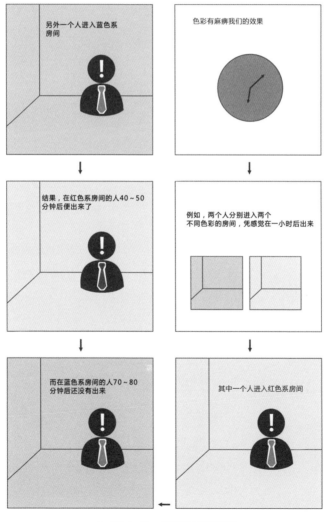

◎ 图 4-6　色彩的时间感

举个例子，在时下非常流行的休闲运动潜水中，人需要携带氧气瓶。一个氧气瓶可以持续 40 ~ 50 分钟供氧，但是大多数潜水者将一个氧气瓶内的氧气用光后，却感觉在水中只下潜了 20 分钟左右。海洋里的各色鱼类和漂亮珊瑚可以吸引潜水者的注意力，因此潜水者会感觉时间过得很快，这是原因之一。更重要的是，海底是被海水包围的一个蓝色世界，正是蓝色麻痹了潜水者对时间的感觉，使他感觉到的时间比实际时间短。

这个现象在日常生活中也非常常见，灯光照明就是其中一个例子。在青白色的荧光灯下，人会感觉时间过得很快，而在温暖的白炽灯下，就会感觉时间过得很慢。因此，如果单纯出于工作的需要，最好在荧光灯下进行。

在白炽灯下工作会使人感觉时间漫长，容易让人产生烦躁情绪。反之，在卧室中就比较适合使用白炽灯等令人感觉温暖的照明设备，这样会给人营造出一个属于自己的悠闲空间。

例如，快餐店给我们的印象一般是座位很多、效率很高，顾客吃完就走，不会停留很长时间。有人喜欢和朋友约在快餐店碰面，但其实快餐店并不适合等人。这是因为很多快餐店的装潢以橘黄色或红色为主，这两种色彩虽然有使人心情愉悦、兴奋，以及增进食欲的作用，但也会使人感觉时间漫长。如果在这样的环境中等人，会越来越烦躁。

比较适合约会、等人的场所应该是那些色调偏冷的咖啡馆。说句与色彩无关的话，咖啡的香味也有使人放松的效果，在这样的环境中等待自己的梦中情人，相信等再久也不会烦躁吧。

此外，蓝色还有使人放松的作用。在放松的环境中开会，人更容易产生有创意的点子或提出建设性的意见（见图 4-7）。因此，使用蓝色装潢会议室，不仅可能使漫长的会议变得紧凑，而且可能使会议内容变得更加充实、讨论也更有效率。如果想在会议中让自己的发言受人关注，建议佩戴一条红色领带。这是因为红色有引人注意的作用。

不过，如果穿一件红色衬衫那就适得其反了。如果红色的面积过大，会分散对方的注意力，使其难以做出决断，因此要特别注意。

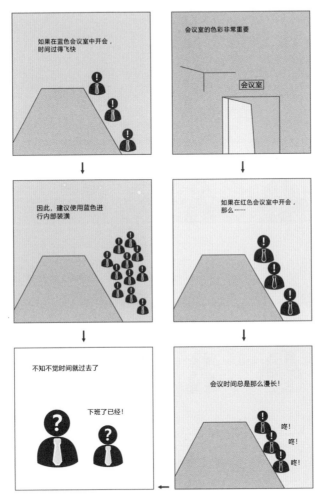

◎ 图 4-7　环境的色彩设计

4.1.5　色彩的催眠作用

　　蓝色具有催眠的作用。蓝色可以降低血压，消除紧张感，从而起到安神、镇定的作用（见图 4-8）。建议经常失眠及睡眠质量不好的朋友多看看蓝色。在卧室中增加蓝色可以促进睡眠，但是如果蓝色太多也不尽然。夏天还好，可是到了冬天，一屋子的蓝色会让人感觉很冷。此外，蓝色太多还会引发人的孤独感。因此，建议卧室装修以淡蓝色为主，以搭配白色和米色为佳。这样的色彩搭配可以自然而然地消除身体的紧张感，促使人迅速入睡。

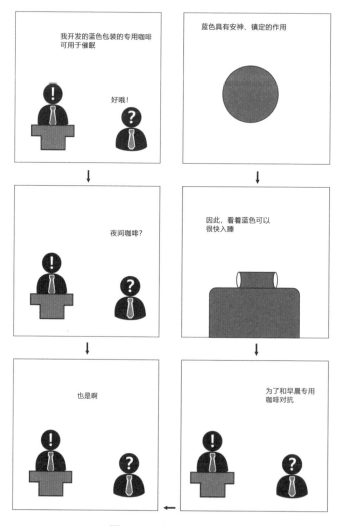

◎ 图 4-8　色彩的催眠作用

除蓝色外，在绿色中也有一部分色彩具有催眠的作用。然而，绿色与蓝色的"催眠原理"不同，蓝色可以使人的身体得到放松，而绿色则使人从心理上得到放松，从而达到催眠的效果。虽说暖色是令人清醒的色彩，但淡淡的暖色和蓝色一样，也有催人入睡的作用。白炽灯等发出的温暖的米黄色灯光及让人感觉安心的淡橙色灯光都有催眠的作用。相反，当人头脑不清醒的时候，看一看彩度高的红色，就可以立刻清醒过来。红色就是所谓使人清醒的色彩，可以增强人的紧张感，使人血压升高。目前，市场上可以买到的提神产品多以黑色包装为主，也许是想让人联想到有提神作用的"黑咖啡"吧。然而，我觉得这类产品更适合使用红色包装。

一提到被子，大家首先想到的是白色。白色不仅看起来干净整洁，还有催眠的作用。当然，现在也有其他色彩的被子，不过最多也就是淡蓝色、米色等很浅的色彩（见图 4-9）。这是为什么呢？

其实道理很简单。想象一下，如果盖深红色的被子睡觉，血压不断升高，精神也紧张起来，还怎么入睡呢？因此，被子切忌使用令人清醒的色彩，而镇定效果显著的淡蓝色等比较浅的色彩才是被子色彩的上上之选。

此外，被子上最好不要有太多图案和花纹，以单色为佳。有人说，睡觉时都闭着眼睛，被子的色彩能有什么影响呢？其实不然，肌肤对色彩同样有感觉，和我们用眼睛看是一样的效果。因此，即使闭上眼睛睡觉，还是会受到被子色彩的影响。

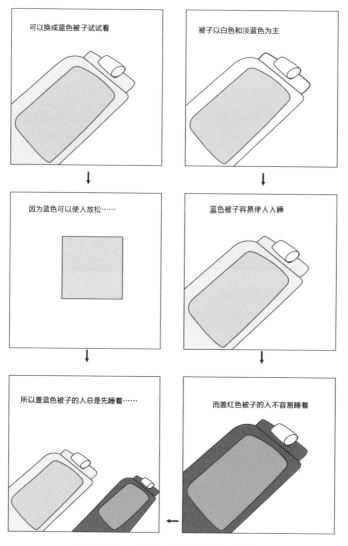

可以换成蓝色被子试试看

被子以白色和淡蓝色为主

因为蓝色可以使人放松……

蓝色被子容易伸入入睡

所以盖蓝色被子的人总是先睡着……

而盖红色被子的人不容易睡着

◎ 图4-9　被子的色彩与睡眠的关系

　　照明的色彩与睡眠有着紧密的联系。照明的色彩会对人体内一种叫作"褪黑激素"的激素的分泌产生影响。褪黑激素可促使人自然入睡。不仅如此，它还有改善人体机能、提高免疫力和抵抗力的功能。这种激素通常在夜间分泌，而青白色的荧光灯有抑制褪黑激素分泌的作用。因此，卧室里最好安装白炽灯或其他可以发出温暖的黄色和米黄色的灯具。反之，如果为了准备考试而挑灯夜读或熬夜加班，最好在荧光灯下学习或工作，这样才不容易困倦。

4.2 色彩的认知差异

4.2.1 色彩的性别差异

1. 男性

男性的性格一般较为冷静、刚毅、硬朗、沉稳，喜欢的色彩多为冷色，色调集中为褐色系列，并且喜欢暗色调、明度较低的中彩度色彩，同时喜欢具有男性有力特征的对比强烈的色彩，以表现其力量感（见图 4-10）。

◎ 图 4-10　李维斯牛仔服装的广告

2. 女性

女性的性格一般较为温婉，通常喜欢表现温柔和亲切的对比较弱的明亮色调，特别是彩度较高的粉色系。女性喜欢的色彩各不相同、色调较为分散，但多为温暖的、雅致的、明亮的色彩。紫色被认为是最具女性魅力的色彩。

图 4-11 所示为 AMIRO 与故宫文化推出的联名款日光镜。其设计灵感源于故宫博物院馆藏文物"铜胎画珐琅八宝双喜字背把镜"，它是清朝晚期广东进呈朝廷的贡物。

◎ 图 4-11　AMIRO 与故宫文化推出的联名款日光镜

此产品定位为年轻学生及都市白领女性。这类人都"爱美"，舍得为自己投资，对高颜值、黑科技美容产品有着强烈的好奇心。

在色彩设计上选取了故宫红、故宫蓝两款色彩。外包装礼盒同样将故宫红和故宫蓝完美融合，以寓意"吉祥美满"的八宝纹为花纹元素，结合垂坠设计，形似新娘"红盖头"，充满东方古典之美。而礼盒内的化妆刷套装也充满浓浓的中式宫廷风，典雅的红蓝配色源于"铜胎画珐琅八宝双喜字背把镜"的镜柄。尾部还印有"故宫文化 × AMIRO"的烫金字样。收纳布袋的设计源于古代卷轴，以藏青为底色，图案采用丝网印烫金工艺，并系有带素色琉璃珠的黄丝线穗。

关于色彩喜好与个性的关系，虽然许多领域仍有待研究，但是大部分的关系已很清楚明了。人类对特定色彩的喜好与过去极易产生关联，且不同的个人差异相当大。但行为模式和反应模式相同的人，对色彩的喜好也很容易相同。

4.2.2　色彩的年龄差异

辨认色彩与形状是培养宝宝观察和认识能力的一个重要途径。如果家长能抓住宝宝每个时期的特点，给予适当的色彩刺激，则不仅能促进宝宝的视觉发育，还能进一步增强其智力潜能的开发，促使宝宝脑部更早发育。婴幼儿时期的孩子视觉发育和认识色彩的过程是渐进的。宝宝刚出生时，就对光产生了感觉，也有了辨认光亮与黑暗的能力，随后开始识别白色、灰色、黑色。到 8 个月时，宝宝才具备分辨红、绿、蓝 3 种纯色的能力。图 4-12 所示为色彩的年龄差异。

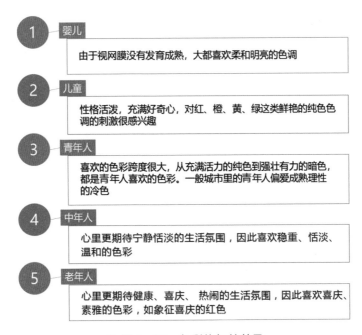

1　婴儿
由于视网膜没有发育成熟，大都喜欢柔和明亮的色调

2　儿童
性格活泼，充满好奇心，对红、橙、黄、绿这类鲜艳的纯色色调的刺激很感兴趣

3　青年人
喜欢的色彩跨度很大，从充满活力的纯色到强壮有力的暗色，都是青年人喜欢的色彩。一般城市里的青年人偏爱成熟理性的冷色

4　中年人
心里更期待宁静恬淡的生活氛围，因此喜欢稳重、恬淡、温和的色彩

5　老年人
心里更期待健康、喜庆、热闹的生活氛围，因此喜欢喜庆、素雅的色彩，如象征喜庆的红色

◎ 图 4-12　色彩的年龄差异

那么，设计师该如何选择色彩并进行适合婴幼儿时期的孩子的色彩设计呢？如何通过色彩传达给孩子的父母这是可以信赖的、安全的产品呢？

瑞士品牌 Naef 的玩具以漂亮的外形、靓丽的色彩、智慧的结构、完美的材料及精湛的工艺闻名于世，很多产品至今仍是纯手工制作。Naef 的玩具如钟表的发条装置般彼此精准、完美地搭配在一起，美感体现得淋漓尽致（见图 4-13 ~ 图 4-15）。

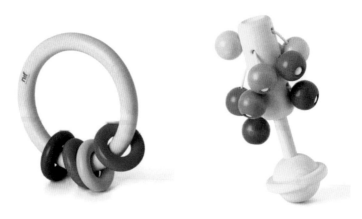

◎ 图 4-13　Naef 悦铃环　◎ 图 4-14　Naef Dolio 彩球磨牙摇铃

◎ 图 4-15　Naef 可铃环

　　婴幼儿时期孩子的玩具不必过于复杂，因此 Naef 在其玩具的主体部分选择了原木色，其他构件采用的是色光三原色（红色、绿色、蓝色）及色料三原色中的黄色（或者可以说是色光三原色中红色和绿色合成的黄色）等。自然的原木色属于明度较高的浅灰色调。浅灰色介于灰色和白色之间，中性色、中等明度。灰色能够吸收其他色彩的活力，削弱色彩的冲击感，起到融合的作用。

保留木材本身的色调也是环保的体现，婴幼儿常常抓到东西就往嘴里塞，所以采用原木色给人安全的感觉。针对婴幼儿对色彩开始认知的特点，选择红色、绿色、蓝色和黄色这几种自然界最基本的色彩是十分恰当的。无须考虑色彩的冷暖，让孩子感知色彩是最初也是最终的目的。

4.2.3　色彩的地区差异

产生色彩心理差异的原因很多，每个国家及每个民族的生活环境、传统习惯、宗教信仰等存在差异，因此产生对色彩的区域性偏爱和禁忌。

色彩设计大师朗科罗在"色彩地理学"方面的研究成果证明：每个地域都有其构成当地色彩的特质，而这种特质产出了特殊的具有文化意味的色谱系统及其组合，也由于这些来自不同地域文化基因的色彩的不同组合，才产生了不同凡响的色彩效果。

从时间来看，脆弱的人类由于外界恶劣的环境影响而本能地渴望掌握征服环境的技术，以求得安全感。随着时间的推移，氏族发展成部落，部落组成部落联盟，成为民族的最初形态。而这些在相同环境中生活的人慢慢形成相似的生活习惯和生活态度。这种态度逐步演变成某种约定、规范，最终积淀下来，产生了民族的风俗习惯。色彩的特殊意味是在本民族长期的历史发展过程中，由特定的本民族的经济、政治、哲学、宗教和艺术等社会活动凝聚而成的，具有一定的时间稳定性。

从空间来看，这种文化意味是特定的本民族的经济、政治、哲学、宗教和艺术等文化与民族审美趣味互相融合的结果。这种色彩在

研究民族色彩要从 5 个方面进行：自然环境因素、经济技术因素、人文因素、宗教因素、政治因素。

一定程度上已经成为该民族独特文化的象征。

研究民族色彩要从 5 个方面进行：自然环境因素、经济技术因素、人文因素、宗教因素、政治因素。

以自然环境因素为例。人类的祖先对某种色彩的倾向最初是对居住的周围环境适应的结果。一切给予他们恩泽或让他们害怕的自然物都会导致他们对这些自然物的固有色彩产生倾向心理。例如，生活在黄河流域的汉民族对黄土地、黄河的崇拜衍生了尚黄传统，并把中华民族的始祖称为"黄帝"。这是因为黄帝是管理四方的中央首领，他专管土地，而土是黄色的，故名"黄帝"。

此外，自然环境的变迁也会导致民族色彩崇拜的改变。最典型的例子就是纳西族色彩信仰有多次重大变化。纳西族最初尚黑，后来纳西先民纷纷南迁，唤起了白色意识，最终形成纳西族的"黑白二元色彩文化"。

再如，意大利人喜好深红色、绿色、茶色、蓝色等，讨厌黑色、紫色及其他鲜艳色。而沙漠地区到处是黄沙一片，那里的人们渴望绿色，所以对绿色特别有感情，这些国家的国旗基本上都是以绿色为主色调。挪威人喜好红色、蓝色、绿色。丹麦人喜好红色、白色、蓝色。

在日本市场上，曾经有两种品牌的威士忌展开明争暗斗的较量，一种是日本产的陈年威士忌，另一种是美国产的威士忌（见图 4-16 和图 4-17）。陈年威士忌在日本一直销量很高，其包装设计以黑色为主；而美国威士忌在美国、英国的销量也高居榜首，其包装设计以黄色为主。然而，当两种品牌的威士忌在日本市场上共同销售时，日本陈年威士忌大获全胜。经过调查发现，原因出在包装设计上。在日本，黑色最能体现其国民的男性气概。陈年威士忌的包装在色彩设计上，巧妙地利用了日本化的包装，因而赢得日本消费者的喜爱。而黄色不受日本男士的青睐，在日本几乎看不到以黄色为主的包装设计，因此美国威士忌的黄色包装设计在日本受到了冷遇。

◎ 图 4-16　日本三得利老牌威士忌　◎ 图 4-17　美国 Rebel Yell 品牌威士忌

4.3　产品设计中的色彩设计

为什么人类会被某种色彩或形状所吸引？各种研究结果和实际调查结果显示，人类的色彩喜好与设计之间存在关系，人类会被特定色彩或形状的特定设计所吸引。

我们发现，印象与个人的经验和知识有直接的关系，所以每个人对同一事物所产生的印象有所差别。但是我们也发现，虽然印象存在个人差异，但是它跟设计依然有某种程度的关联。因此，产品的色彩设计既跟印象有关，又跟人类的色彩喜好有关。

4.3.1 色彩印象空间

色相 & 色调（Hue & Tone）116 色体系就是将色相环与色调表结合在一起的产物，它由 110 种彩色色彩（色相 10 个等级 × 色调 11 个等级 = 110 种色彩）和 6 种非彩色色彩所构成（见图 4-18）。

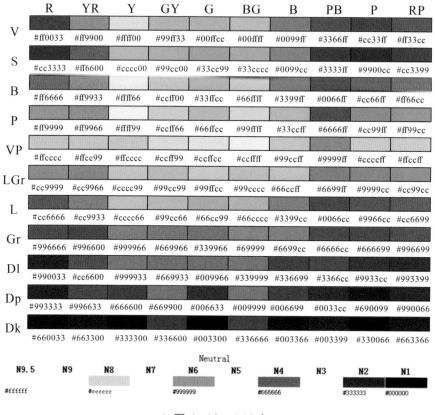

◎ 图 4-18　116 色

每种色彩给我们的感觉都会有所不同，但要具体说明有何不同又是一件困难的事情。如果有一个能够合理、客观地分析出这种感觉差异的标准，就可以利用它说明这种感觉上的差异了。以红、蓝、黄、绿为例，对色彩进行打分，打分时则依据图 4-19 所示的标准。

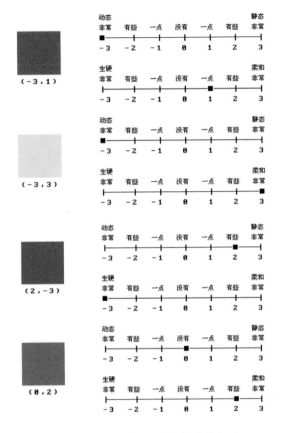

◎ 图4-19 对色彩进行打分的标准

在打好分之后，将得到的"动态（Dynamic）—静态（Static）"值作为横坐标分值、"生硬（Hard）—柔和（Soft）"值作为纵坐标分值，在二维坐标系中找出相应的点。这就是"色彩印象空间"的基本概念。将每种色彩的两类印象的取值分别作为二维坐标系中的横纵坐标分值，这样得到的点的集合就被称为"单色印象空间"（见图4-20）。其中，红色会给人一种动态的感觉，蓝色会给人一种静态的、生硬的感觉，黄色会给人一种动态的、柔和的感觉，而绿色虽然也是较柔和的感觉，但它既不会给人动态的感觉，也不会给人静态的感觉。

比起色相，人们对色彩的印象更多地取决于色调。这主要表现为鲜明的色调通常给人柔和、动态的印象，阴暗的色调给人生硬的印象等。图 4-21 所示为色调的基本印象。

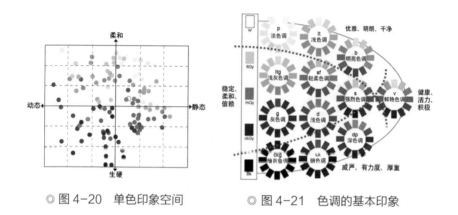

◎ 图 4-20　单色印象空间　　　　　◎ 图 4-21　色调的基本印象

我们在进行产品设计、品牌形象设计、网站设计和平面广告设计的时候，通常需要搭配使用多种色彩来获得较好的配色效果。同理可以得到色彩"配色印象空间"（见图 4-22）和"形容词印象空间"（见图 4-23）。

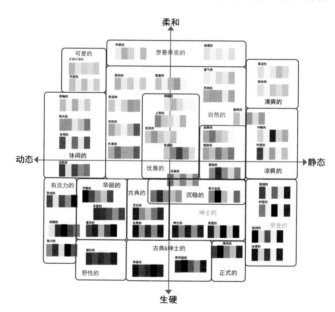

◎ 图 4-22　配色印象空间

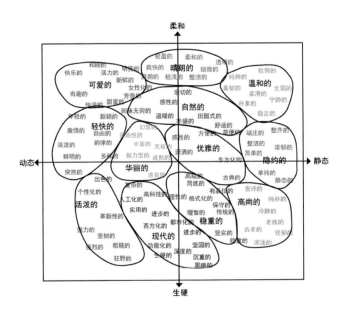

◎ 图 4-23　形容词印象空间

　　在"配色印象空间"中，给人静态、柔和感觉的，通常都是隐约与柔和色彩之间的搭配；给人动态、柔和感觉的，通常都是鲜亮色彩之间的搭配；给人静态、生硬感觉的，通常都是灰冷色彩之间的搭配；给人动态、生硬感觉的，通常都是鲜亮和浑浊、暗淡色彩之间的搭配。相距较远的色彩之间的印象会有较大的差异，而相距较近的色彩之间的印象会比较相近，也就是说色彩间的距离与印象的差异程度成正比关系。

　　如何利用印象空间来对产品或网页进行有效的色彩设计呢？对于"配色印象空间"和"形容词印象空间"，位于相同位置上的色彩和形容词可以说具有相同的意义。也就是说，位于"配色印象空间"某个位置上的色彩完全可以用"形容词印象空间"相同位置上的形容词来形容。通过这种方式比较色彩与形容词，设计师就可以判断出不同色彩给人的不同感觉，也就可以由此策划出一套科学客观的配色方案。

　　假设正在设计一个少儿主题的网站。在决定好网站的主题风格为

"可爱、快乐"之后，查找这些形容词在"形容词印象空间"中的位置，然后确认在"配色印象空间"中同一位置上的色彩，就可以重点考虑使用这些色彩了。但并不是说只能使用这些色彩，而是应该在以这些色彩为主流的同时适当地使用一些其他色彩。因为决定好配色的主色调后，就可以轻松地找到与主色调进行较好搭配的其他辅助色了。

需要注意的是，在"形容词印象空间"中，不应该将一个形容词理解为空间中的一个点，而应该将形容词理解为以该点为中心向四周扩散的范围。例如，"温和的"形容词所在位置上的色彩具有最强的"温和的"感觉，而以该点为中心向四周扩散，"温和的"感觉逐渐减弱。所以，在利用"形容词印象空间"决定配色方案时，应该充分分析其周围的相关形容词。

同样，我们可以对已经设计出来的产品或网页的配色方案是否合理进行分析和检验，并加以改进。

4.3.2 色彩定位是将印象转化为设计的关键

色彩定位是对产品进行色彩设计的首要步骤。那么，如何对产品色彩进行准确定位呢？

1. 色彩设计的程序

1）市场调查及色彩定位

色彩设计就是依据对产品色彩进行的市场调查，将信息收集、整理，得出科学结论，并指导于具体的设计中。产品色彩主要与消费者的态度和行为、社会文化和经济等因素有关。对色彩设计而言，市场调查的目的主要是对产品进行色彩定位，这是色彩设计的开端和策略性步骤。一旦色彩定位完成，其他工作就可以依次进行。

2）根据市场调查结果制定合适的配色方案

任何配色方案都应该有主色调和辅助色，只有这样才能使产品的色彩既有变化又统一。产品的主色调以一到两种色彩为佳，当主色调确定后，其他的辅助色应与主色调相协调，从而形成一个统一的整体色调。

3）重点部位的色彩设计

当主色调确定后，为了强调某一重点部位或避免色彩平淡无奇、太过单调，可以将某个部位的色彩进行重点配置，以求获得更好的效果。

重点部位色彩设计的 4 个原则如图 4-24 所示。

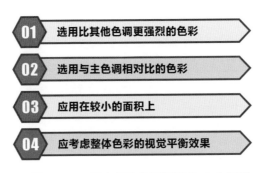

01 选用比其他色调更强烈的色彩

02 选用与主色调相对比的色彩

03 应用在较小的面积上

04 应考虑整体色彩的视觉平衡效果

◎ 图 4-24　重点部位色彩设计的 4 个原则

2. 色彩定位的原则

色彩定位会突出产品的美感，使消费者从产品的外观上看出产品的特点并产生相应的联想与感受，从而接受产品。现代社会宛如信息的海洋，随时都有数不胜数的信息汹涌而来，消费者置身其中，往往会不知所措。能让其在瞬间接受并做出反应的，第一是色彩，第二是图形，第三才是文字。

色彩定位的 5 个原则如图 4-25 所示。

◎ 图 4-25　色彩定位的 5 个原则

1）根据产品的生命周期定位

按照产品的生命周期来划分，可以分为 4 个阶段：导入期、成长期、成熟期和衰退期。在产品生命周期的不同阶段所应用的配色方案是有所不同的（见图 4-26）。

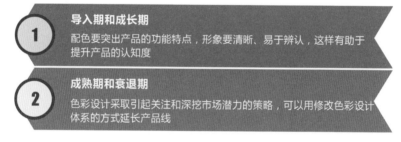

◎ 图 4-26　根据产品的生命周期制定配色方案

2）根据品牌定位

产品与品牌是相辅相成的一对，可以通过优势的产品产生品牌，但更多的是由品牌衍生产品。

3）根据流行的消费价值定位

在消费文化背景下，产品的价值属性超过产品的实际用途已成为产品的首要意义，产品开发为消费价值所主导。因此，色彩设计也常常根据流行的消费价值定位。例如，倡导尊贵的产品使用金色，炫耀高科技的产品使用神秘的蓝色。

4）根据流行色定位

在时尚消费品设计领域，如汽车、消费类电子产品、眼镜、箱包、饰品等领域，由于产品的流行时尚特点，色彩设计占有重要地位，因此设计师须密切追踪市场的色彩喜好，预测色彩的流行趋势，根据预测或权威部门发布的流行色不断改进产品的色彩设计，使产品的色彩满足人们对色彩喜好的变化，以符合时代潮流，使产品受到市场欢迎。

5）根据目标市场定位

根据目标市场定位主要包括根据价格定位、根据目标消费者定位和根据竞争定位3个方面（见图4-27）。

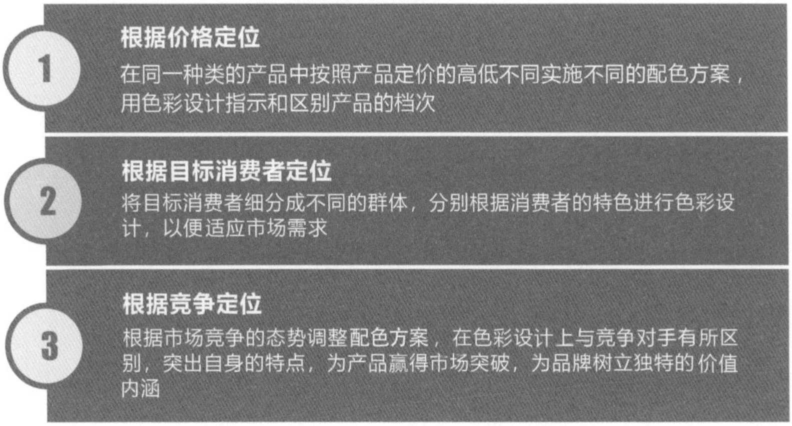

1 **根据价格定位**
在同一种类的产品中按照产品定价的高低不同实施不同的配色方案，用色彩设计指示和区别产品的档次

2 **根据目标消费者定位**
将目标消费者细分成不同的群体，分别根据消费者的特色进行色彩设计，以便适应市场需求

3 **根据竞争定位**
根据市场竞争的态势调整配色方案，在色彩设计上与竞争对手有所区别，突出自身的特点，为产品赢得市场突破，为品牌树立独特的价值内涵

◎ 图4-27　根据目标市场定位

3. 色彩的视觉表现方式

在产品设计中，色彩的视觉表现方式主要有7种（见图4-28）。

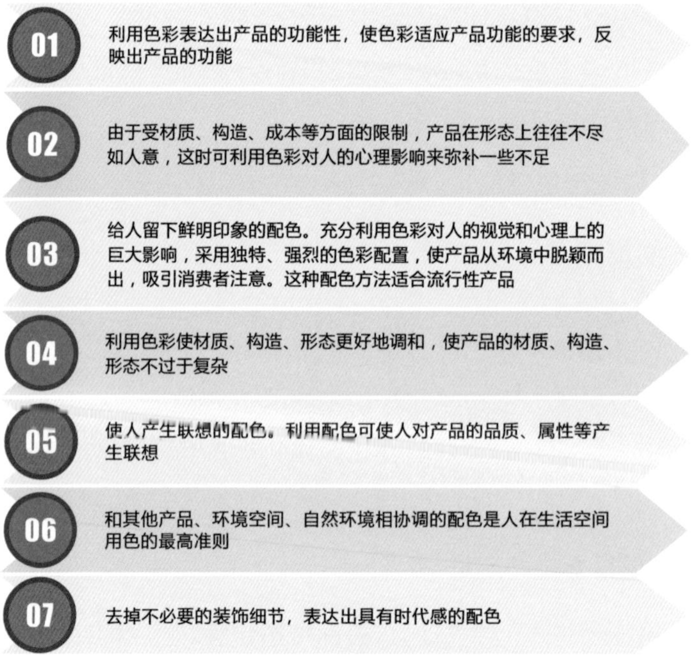

01	利用色彩表达出产品的功能性,使色彩适应产品功能的要求,反映出产品的功能
02	由于受材质、构造、成本等方面的限制,产品在形态上往往不尽如人意,这时可利用色彩对人的心理影响来弥补一些不足
03	给人留下鲜明印象的配色。充分利用色彩对人的视觉和心理上的巨大影响,采用独特、强烈的色彩配置,使产品从环境中脱颖而出,吸引消费者注意。这种配色方法适合流行性产品
04	利用色彩使材质、构造、形态更好地调和,使产品的材质、构造、形态不过于复杂
05	使人产生联想的配色。利用配色可使人对产品的品质、属性等产生联想
06	和其他产品、环境空间、自然环境相协调的配色是人在生活空间用色的最高准则
07	去掉不必要的装饰细节,表达出具有时代感的配色

◎ 图 4-28　色彩的视觉表现方式

4.3.3　典型案例——微软 Surface

1. 品牌定位:世界 PC 软件开发的先导——新奇和清新

微软公司是世界 PC 软件开发的先导,由比尔·盖茨与保罗·艾伦创始于 1975 年,目前是全球最大的电脑软件提供商。

2012 年,微软推出了全新的企业 Logo,这是它 25 年来首次对其企业 Logo 进行大幅改动。

自 1987 年以来,微软就一直采用粗体、略微倾斜的企业 Logo。与旧 Logo 只有"Microsoft"字样和注册标志"®"不同,新 Logo 在"Microsoft"字样前增加了 4 个小方块,分别采用蓝色、橙色、绿色和黄色设计，代表着 Windows Logo（见图 4-29）。微软品牌战略总经理杰夫·汉森称："新的标志代表了对传统的继承和对未来的期望，可以带来一个新鲜的感受。"

◎ 图 4-29　微软全新的企业 Logo

2. 产品定位：轻巧灵活，让快乐时刻相伴

Surface 是微软推出的全新品牌。微软于 2012 年 6 月 19 日发布了 Surface 系列平板电脑。

Surface 相比传统平板电脑，在不牺牲便携性的前提下更具有操作性；而相比传统笔记本电脑，在不牺牲操作性的前提下更具有便携性。因此，Surface 是平板电脑与笔记本电脑两种产品的强大竞争对手。这款平板电脑采用镁合金机身，10.6 英寸显示屏，配备 USB 2.0 或 3.0 接口，使用 Windows 8 操作系统。微软官网将其称为"全高清显示屏"，屏幕比例为 16 ∶ 9。

Surface 改变了人们的工作和娱乐方式。运行 Office 应用观看赏心悦目的高清电影、与朋友和家人保持联络，所有一切都可在这款精美、贴心设计的设备上实现。

3. 受众定位：商务用户群

Surface 在设计之初就并不适用于所有用户。它将主要目标人群定位在商务用户范畴，适合移动人士，以及使用云应用或需要为客户提供现代、有吸引力体验的商务人士，对于出差在外移动办公的人而言是不错的选择。但为扩大受众群，Surface Pro 在软件配置上也考虑了家庭用户和学生用户。

4. 色彩定位：适合产品、传达意象的色彩——高效工作、轻松娱乐

由于 iPad 和 Android 平板电脑的崛起及竞争，微软打破了其几十年不生产个人电脑、只依靠电脑厂商营销安装 Windows 操作系统硬件设备的历史，推出了 Surface，"如同多年前推出的微软鼠标一样，在市场最需要微软产品的时候，推出自家品牌"。那么，该如何对色彩进行定位，来体现 Surface 是"工程技术与艺术的杰作"，并通过色彩将"高效工作、轻松娱乐"的概念传达给目标人群呢？

基础印象定位关键词：沉稳的、高品质的。

具体印象定位关键词：出色的、有品位的、革新性的、个性的。

5. 色彩设计

设计师应从色调、色相、明度、色彩搭配等方面进行与产品形象一致的色彩设计。

工业设计是体现产品外观的重要因素之一。一款产品在工业设计方面的表现，将直接影响到消费者在选购产品过程中的选择。造型时尚、色彩亮丽、工艺过硬、设计独特都是吸引消费者购买产品的重要因素。并且，产品市场定位不同，其在工业设计上也有所区别。

微软 Surface 选用了沉稳的黑色为主色调，以强化产品浓郁的商务色彩。

基本色：黑色。

基本色的色调及明度：黑色属于无彩色，明度最低，给人后退、收缩的感觉。黑色具有高贵、稳重、科技的意象，是一种永远流行的色彩。许多科技产品，如电视、跑车、摄影机、音箱、仪器的色彩大多采用黑色。商务人士的着装色主推黑色，给人硬朗、稳定、庄重、成熟、高雅的感觉。

Surface 的设计初衷是外观精美、结实耐用。为了兼顾机身强度及较少地牺牲便携性，微软为 Surface 挑选了比铝还要轻的镁合金作为该机的外壳材质，官方称之为"VaporMg"。金属外壳表面的涂层除起到着色的作用外，也让用户在触及表面时的手感变得非常细腻，摸上去不会很冰手。高质量、超轻薄的材料和精密工程完美融合，以精美的外观贴合保护 Surface（见图 4-30）。

◎ 图 4-30　超薄轻巧的机身

6．功能设计

1）或卧或立，舒适自由——集成支架让工作方式多样化

将 Surface 放置在会议桌或办公桌上时，支架与机身所成的夹角

能使屏幕显示最清晰。与 Surface 的外壳一样，支架本身也采用了轻巧耐用的 VaporMg 材质。当用户将支架合上时，它能与 Surface 紧密贴合，而当用户想拥有完整的平板电脑体验时，就可以将它翻转出来（见图 4-31）。

◎ 图 4-31　集成支架让工作方式多样化

如今，办公地点绝不仅限于公司，车库、机场、会议室、候诊室，处处都能工作。Surface 超轻紧凑的 VaporMg 支架和外壳，极其适合移动办公，可以很方便地装在旅行包中，其舒适得当的角度设计也让工作更加随心（见图 4-32）。

◎ 图 4-32　角度设计让工作更加随心

2）多个端口——便捷使用，扩展内存

Surface 不但超薄轻巧，还配备多个端口，能让用户分享工作、传输文件和存储其他媒体，如演示文稿（见图 4-33）。无论是为附件充电还是在大屏幕上共享演示文稿，Surface 都能实现物尽其用。在差旅途中，用户能随身携带整个媒体集，从音乐到电影，无所不包。

◎ 图 4-33　多个端口设计

3）巨幅展示，完美呈现

使用 Surface HD 数字 AV 适配器，可轻松将 Surface 连接到投影仪、电视和其他高清显示器上（见图 4-34）。

◎ 图 4-34　Surface HD 数字 AV 适配器设计

4）使用 Microsoft Lync，全面提升用户的视频体验

Surface 将视频会议提升到全新高度。使用集成支架，即可通过 Microsoft Lync 进行免提视频会议（见图 4-35）。Surface 配备两个 LifeCam 摄像头——前置和后置。前置摄像头用于进行清晰明确的视频聊天，而具有俯角的后置摄像头则是录制会议的绝佳选择。两个摄像头能轻松切换，以便将视频聊天和白板演示有机结合。

◎ 图 4-35　Microsoft Lync 应用

5）浑然天成的环形散热系统

微软将 Surface 的散热口均匀地分散在机身上半部分的侧边框中。从远处观察，其机身上半部分的背板就好像悬浮在机身外壳表面一样。透过两层夹板中间的"夹心"，可以观察到隐藏着的散热口。虽然散热口的宽度窄了一些，但是在乘以半个机身的长度之后就是一块很大的面积。这样的设计无疑更有利于热量的均匀散出，避免了原有紧凑型散热口周围局部过热现象的产生。以上技术被微软称为"Perimeter Venting"（见图 4-36）。

◎ 图 4-36　环形散热系统位于机身上半部分四周

6）交互逻辑融合手指与触控笔

将内容创造与内容分享结合到一起，这是 Surface 的最大优势所在。为了让这款产品在平板模式下也能保有一定的生产力，并且更易于信息的采集，微软在 Windows 系统中完善了触控笔的使用逻辑与功能。

在这个标准下，想要使用触控笔就需要多加入一层电磁感应层，这样与传统的电容触摸屏结合在一起，使这款产品既支持电磁感应也支持手指的触摸操作。对于 Surface 系列平板电脑，微软准备了一款名为 Surface Pen 的数字触控笔。

Surface Pen 从 Surface RT 的选配变为了 Surface Pro 的标配，其身份的转换也说明了偏重内容创造的后者更需要它的辅助。作为一支没有内置电池的被动感应式电磁触控笔，它的动力源自屏幕下方发射的电磁波。与两款 Cover 键盘保护罩一样，如此设计可以避免用户更换电池或充电时的烦琐操作，压缩用户无意义操作所消耗的时间。触控笔凸起的部分可以吸附在 Surface Pro 右侧的磁性电源接口上（见图 4-37），方便用户携带。拥有"Digital Ink"（电子墨水）功能的 Surface Pen 对于设计师、摄影师等用户而言也是一个相当不错的卖点。

◎ 图 4-37　Surface Pen 可以吸附在右侧的磁性电源接口上

为了让用户的手指与触控笔能更好地进行合作，微软为二者设计了一套合理的分工逻辑。它理解起来并不复杂，用户只要轻松上手使用过后就能马上明白微软的用意。在根据笔尖与指尖面积的大小来区分二者操作的精确度之后，微软将整个图形界面的滑动操作交给了用户的手指，而触控笔则只能靠拖动屏幕边缘处的滚动条来执行这个操作，在舍弃了滑动操作之后它可以更专注于选中、拖动等操作。另外，用户在使用触控笔点击图标后无须任何延迟判定即可开始拖动操作，这也是它与手指触摸操作的主要区别之一。

除此之外，微软还提供了丰富的接口以发挥触控笔的功能。在系统控制面板有关触控笔的设置选项中，可以看到微软为厂商设计的触控笔提供了鼠标右键、橡皮擦及手势操作的支持，尽最大可能让这款外设拥有一些需要传统鼠标和键盘才能执行的操作。

7）键盘让其创造内容

微软的 Surface 的 Touch Cover 与 Type Cover 两款键盘保护罩是其引人入胜的特色之一。

Touch Cover（触控键盘保护罩）与 Type Cover（实体键盘保护罩）是微软两款 Surface 系列平板电脑的可选配件，其工业设计水准与 Surface Pro 非常搭调。它们的出现意味着平板电脑的功能由简单的"分享内容"向进阶的"创造内容"迈进。

（1）触控键盘保护罩——纤薄、时尚、醒目。

触控键盘保护罩是一种超薄压敏键盘，配合品牌 Logo 的色彩设计，提供黑色、白色、红色、洋红色和青色 5 种新鲜、清新、靓丽的色彩供用户选择，使用户在完成工作的同时彰显个人独特的魅力。它的厚度只有 3mm，重量还不到半磅（1 磅 =0.453 千克），却能提供平滑的表面防水功能，让用户享受极佳的触感。当用户敲击键盘时，触控键盘保护罩的精微传感器能以每秒 1 000 次的高频测量每个按键所受的压力，以提供迅捷灵敏的反应。此键盘十分智能，能分辨出你是在敲击键盘还是只是把手指搭在键盘上，从而避免输入错误。此键盘还内置了一个加速度计，可以在向后折上时关闭键盘。触控键盘保护罩能让用户无论身在何处，都可以以有趣快速的方式高效使用 Surface。

（2）实体键盘保护罩——舒服、高效、功能全。

如果用户着重追求打字速度和舒适度，实体键盘保护罩将是他的最佳选择（见图 4-38）。实体键盘保护罩将传统键盘的速度和舒适度与创新设计融合在一起，提供了无与伦比的工作效率和设备保护。实体键盘保护罩的按键在设计上略呈凹陷状，以便用户的手指能快速找到所需字母。按键压力比，即敲击按键后该按键弹回时的手感已经过缜密测量，就像用户敲击普通按键一样。

◎ 图 4-38　实体键盘保护罩

触控键盘保护罩和实体键盘保护罩可通过磁性扣入 Surface，以实现更多功能。这两种键盘的开创性设计与轻巧超薄的外形完美结合，可展现极佳的速度与舒适度。使用触控键盘保护罩的压敏表面，比在屏幕上输入快得多。如果你着重追求工作效率，则实体键盘保护罩所提供的传统键盘形式能让你快速、舒适地输入内容（见图 4-39）。它们都是提高工作效率的绝妙帮手。

◎ 图 4-39　实体键盘保护罩所提供的传统键盘形式

触控键盘保护罩和实体键盘保护罩还有助于在移动过程中保护 Surface。只需将键盘翻转覆盖到屏幕上，即可对屏幕进行保护。合上保护罩还会关闭显示器，节省电能并延长电池的使用时间（见图 4-40）。触控键盘保护罩的平滑表面具有防水功能，易于清洁。

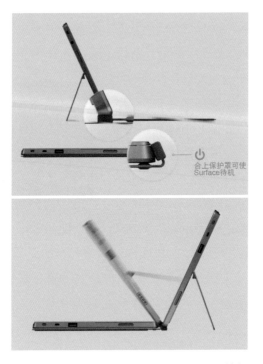

◎ 图 4-40　合上保护罩可使 Surface 待机

8）Wedge Touch 鼠标

Wedge Touch 鼠标是 Surface 引人入胜的特色之二。

在 Surface Pro 的多款输入外设中，Wedge Touch 鼠标是最容易被忽略的，因为它的身材实在是太小巧了。还没有传统鼠标三分之一大的 Wedge Touch 鼠标可以轻松被用户攥在手掌中，把它带在身上绝对不会增加什么多余的负担。

为了避免占用 Surface Pro 机身上宝贵的 USB 3.0 接口，

Wedge Touch 鼠标通过蓝牙的方式与之进行连接（见图 4-41）。电源供给方面，一节安置在鼠标尾部的 5 号电池即可保证它正常使用半年左右的时间。拨动鼠标底部的开关即可打开它的电池仓，电池就是这样巧妙地被置入其中的。

◎ 图 4-41　通过蓝牙的方式连接的 Wedge Touch 鼠标

对于那些在家中或办公室拥有个人 PC 办公的用户而言，或许 Surface 并不是最好的选择，而如果在路途中或出差旅行路上，对于 4 小时左右的续航和在英特尔 i5 处理器所提供的性能保证的前提下，Surface 便携性的特点和时尚的外观已经可以作为用户的另一个选择。

另外，对微软来说，Surface 的出现也许并不意味着与 OEM 或 ODM 厂商发生正面冲突，目前的市场已经不再具有一家独大的可能性，细分的趋势愈发明显，这也正是微软推出 Surface 这样一款标杆类产品的用意所在。以 Surface Pro 为例，让其他 OEM 厂商能够在其基础上进行创新和突破，以适应更多用户的需求，将 Windows 产业链打造得更为丰富，这或许是 Surface Pro 产品更深一层的用意所在。

Surface 是 Windows 8 系统与平板电脑这种产品形态的最佳结合方式。它的工业设计使它有着与传统平板电脑别无二致的外观，Windows 8 系统则让它同时兼备了平板电脑与功能性 PC 的使用体验。它在性能方面完全达到了主流"超极本"的水平，是休闲娱乐生活与工作生活并重的用户的绝佳选择。

第 5 章

情感化设计

　　每个人都有自己喜欢的物品，这个物品是我们生活的积累，凝聚了我们的情感。这是任何一位设计师或制作者都不能随意改变的。生活中的物品对我们来说绝对是私有财产，为我们所拥有。还有一点我们不能忽视——它是我们情感生活的积累。一个令人喜欢的物品可以是并不昂贵的小装饰品，也可以是自己亲手制作的陶艺品。人们所喜欢的物品是一种象征、一种生活的记忆，它建立的是一种积极的精神框架，是往事快乐的记忆，或者对过往历史的自我展示。而且这个物品常含有一段故事、一段记忆，或者与特定的物品、特定的事情联系在一起，经常能激发人们对美好生活的追求，这就是情感赋予物品的更高意义。

　　我们目前所做的一切活动既包括认知又包括情感。认知评价意义，情感评价价值。我们不能逃离情感，它总是在那里。更重要的是，无论是正面的情感状态还是负面的情感状态，都可以改变我们的思维方式。

　　当我们处于负面的情感状态时，会感到焦虑，神经递质聚焦于脑的加工。聚焦是指把注意力集中在一个主题上而不分心，并逐步对问题进行深入探索直至问题得到解决的能力。聚焦还有把注意力集中于细节的意思。这对逃生很重要，逃生时主要就是负面情感在起作用。无论在什么时候探测到可能有危险的物品，无论是通过本能水平的加工还是反思水平的加工，情感系统都会使肌肉紧张起来准备行动，并警告行为水平和反思水平停止其他活动，而把注意力集中在当前问题上。神经递质促使大脑聚焦于当前问题，并避免注意力分散。这正是处理危险情况时所应做的事情。

当我们处于正面的情感状态时，会发生和以上情况恰恰相反的事情。这时，神经递质使脑的加工范围拓宽，使肌肉放松，让大脑专注于正面情感所提供的机会上。拓宽的意思是我们这时很少聚焦于某事，更容易接纳干扰而去注意任何新的思想或事件。正面情感能唤起人的好奇心，激发人的创造力，使大脑成为一个有效的学习机体。伴随正面情感，我们更容易看到森林而不是大树，更喜欢注意整体而不是局部。

特别的物品尤其是那些可以引发回忆的物品，总是能唤起人们对往事的回忆。人在回忆时很少集中于物品本身，而是与其相关的故事。如果某个物品具有重要的个人相关性，那么它就能给人带来快乐、舒适的心境，我们就会依恋它。因此，我们所依恋的其实不是物品本身，而是与物品的关系及物品代表的意义和情感。

20 世纪 70 年代的魔方、万花筒、传统积木；20 世纪 80 年代的铁皮玩具、毛绒玩具；20 世纪 90 年代的变形金刚、忍者神龟；21 世纪初的动漫人物、平板电脑……中国玩具流行趋势的变迁总是体现出一份鲜活的民间记忆。而今，随着怀旧风起，儿时只售两块钱的铁皮青蛙，如今竟与明清瓷器享受同等"待遇"，被当作"古玩"端放在陈列架上。

铁皮玩具作为一个时代的烙印，在风靡一时后，因受到毛绒与塑料玩具的冲击且工艺复杂，如今其产品与生产厂家正逐步减少，已所剩无几。对铁皮玩具，现在人们所追求的演变为它的怀旧感，所以怀旧的款式、怀旧的设计是当下最受欢迎的。铁皮机器人系列、铁皮小动物系列、铁皮交通系列……越是当年的设计款，越能受到买家的追捧（见图5-1）。

◎ 图5-1　铁皮玩具

　　铁皮玩具的消费群体基本集中在20世纪70至80年代出生的那代人。当年由于物资匮乏，可接触的玩具很少，玩具算得上是奢侈品。如今这代人大多生活条件比较优越，便有了寻找童年记忆的愿望。而消费群体中的小部分，属于追求潮流，或者品位独到的年轻人。铁皮玩具虽然不含高科技元素，但其纯手工制作，简约的外形和精密的机械装置吸引了年轻消费者的眼球。每件精巧唯美的铁皮玩具，都折射出设计师的智慧和那个年代特有的时尚气息。如此看来，铁皮玩具的消费也可视为一种情感消费，作为一种童年记忆的珍藏。此外，铁皮玩具本身的价值也使许多投资者将其视为一种收藏品，相信随着时间的推移，铁皮玩具的价值可能日益增长。

5.1 什么是情感

　　情感是人对外界事物作用于自身时的一种生理的反应，是由需要和期望决定的。当这种需要和期望得到满足时会产生愉快、喜爱的情感，反之则产生苦恼、厌恶的情感。

　　人类的情感基本上分为很多种，其中最著名的就是心理学家罗伯特·普拉切克的情感轮盘理论（见图5-2）。他所认为的8种最基本的情感元素包括宁静、兴趣、烦恼、无聊、深思、错乱、忧虑和接受，每个类别按照情感强度又可分为3个等级。

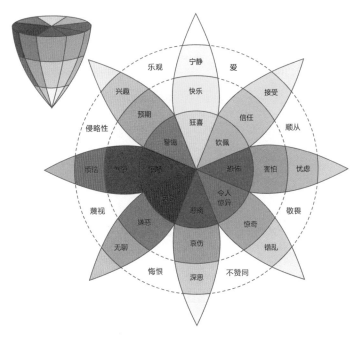

◎ 图5-2　心理学家罗伯特·普拉切克的情感轮盘

　　这个三维旋转综合模型描述了情感概念之间的内在联系，与轮盘上的颜色是相对应的。圆锥体的垂直高度代表强度，圆圈代表相似情感之间的不同程度。

这个模型很好地归纳了用户在使用产品的过程中产生的基本情感，可以作为情感化设计研究的起点，帮助设计师厘清各种情感间错综复杂的联系和差异，并作为情感化设计中的"调色板"。通过不同情感的结合，创造不同层次的情感反馈，从而加强用户在使用产品时的情感共鸣。

从心理学的角度出发，情感是在人的身体受到外在刺激时而产生的反应，反过来说就是内在情感受到外在刺激，产生内在的感受并引起在生理与行为上的反应。那为什么要说行为反应？了解用户的行为反应，可以帮助设计师解读用户在表情或肢体语言上对他人的情感反应（见图5-3）。

◎ 图5-3 情感反应与行为反应的关系

在策划和设计网站的时候可以利用这些情感来提高转化率，降低跳出率，增加用户的关注时间。

5.2 情感化设计的相关概念

5.2.1 什么是情感化设计

"情感化设计"（Emotional Design）一词由唐纳德·诺曼在其同名著作中提出。而在《情感化设计》一书中，唐纳德·诺曼将情感化设计与马斯洛的需要层次论联系了起来（见图5-4）。正如人类的生理、安全、爱与归属、尊重和自我实现这5个层次的需要，产品特质也可以分为功能性、可依赖性、可用性和愉悦性这4个从低到高的

情感化设计的目标：让产品在人格层面与用户建立关联，使用户在与产品互动的过程中产生积极的情感。这种情感会逐步使用户产生愉悦的记忆，从而更加乐于使用你的产品。

层面，而情感化设计则处于其中最上层的"愉悦性"层面。

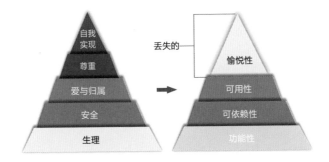

◎ 图5-4　将情感化设计与马斯洛的需要层次论联系起来

　　艺术可以让你为所欲为，但设计必须考虑其他人的感受。如今，电脑、手机、平板电脑等科技产品的普及，为设计与人的互动提供了完美的平台，人们可以更加直接地去体验和感受设计。

　　设计师不能只沉醉在酷炫的视觉效果中，而应思考怎样通过设计来拉近人与冰冷设备之间的距离，从而获得更多的用户并进行互动，这成了一个值得研究的课题。要想了解怎样能使人对产品产生情感互动，就要先了解人的情感。设计师应通过对人类情感的认知来考虑设计的产品对用户情感的影响，从而达到理想的效果。

5.2.2　情感化设计的组成要素

　　情感化设计的目标是让产品在人格层面与用户建立关联，使用户在与产品互动的过程中产生积极的情感。这种情感会逐步使用户产生愉悦的记忆，从而更加乐于使用你的产品。另外，在正面情感的作用下，用户会处于相对愉悦与放松的状态，这使他们对于在使用过程中遇到的小困难与细节问题的容忍能力也变得更强。

　　情感化设计中的正面情感元素大致由图5-5所示的这些关键性的元素所组成。我们可以从这些关键性的元素出发，在产品中融入更多的正面情感元素。诚然，用户最终会产生的反应还将取决于他们各自的生活背景、知识技能等，但是我们所抽象出的这些组成元素是具有普遍适用性的。

01　积极性
界面设计有亮点、功能实用，主动给予提示和引导

02　惊喜
提供一些用户想不到的东西

03　独特性
与其他的同类产品形成差异化对比

04　注意力
提供鼓励、引导与帮助，使用户集中注意力

05　吸引力
在某些方面有吸引力的人总是受欢迎的，产品也一样

06　建立预期
向用户透露一些接下来将要发生的事情

07　专享
向某个群体的用户提供一些额外的东西

08　响应性
对用户的行为进行积极的响应

◎ 图5-5　情感化设计中的正面情感元素

5.3　情感化设计的作用

原研哉在他的《设计中的设计》一书中介绍过这样一个案例。日本机场原来主要用一个圆圈和一个方块表示出入境的区别，形式简单且好用，但设计师佐藤雅彦用一种更温暖的方式重新设计了出入境的印章：入境章是一架向左的飞机，出境章则是一架向右的飞机（见图 5-6）。

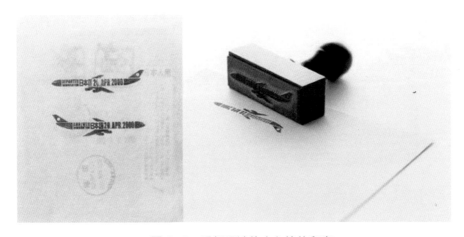

◎ 图 5-6　重新设计的出入境的印章

机场工作人员通过一次次盖章，将这种温暖的情感传递给每位进关的旅行者。在旅行者的视线与印章相交的那一刻，这种温暖会转化为小小的惊喜，而使他们不由自主且充满善意地"啊哈"一下。这便是产品中的细节与用户直接进行情感传递的结果。

一兰拉面是在日本非常受欢迎的拉面店。顾客在吃完面并把汤喝完后会看到碗底有这样几个字"この一滴が 最高喜びです"（你的最后一口是对我们最大的肯定）。店主用这种简单的细节打通了产品与顾客情感的传递。顾客喝完最后一口面汤是对店主的肯定，并且也因为对店主的肯定而获得了店主的感谢。产品中的情感化细节经常会成为产品与用户之间进行情感传递的桥梁。这种传递情感的细节不仅可以提升用户对产品的好感度，还可以让产品更加深入人心，有利于产品口碑的传播。有时候可能仅一句文案、一段动画、一个彩蛋就可以打动用户，使其与产品产生情感共鸣，这便是产品细节中的情感化设计的作用。

1. 情感化设计可以加强用户对产品特质的定位

◎ 图 5-7　Timehop 的蓝色小恐龙
吉祥物形象示意图

Timehop 是一款能让你回顾那年今日的 App。它可以帮你把去年今日写过的 Twitter 内容、上传过的 Facebook 状态和拍过的 Instagram 照片翻出来，帮你回顾过去的自己。Timehop 为自己的产品塑造了一只蓝色小恐龙的吉祥物形象（见图 5-7）。许多小恐龙贯穿于界面之中，用"吉祥物 + 幽默文案"的方式将品牌的形象特点和产品特质传达出来。用户在打开 App 时就能感受到小恐龙的存在。屏幕中的小恐龙坐在地上说了句"LET'S TIME TRAVEL"，立马将用户从情感上代入了 App 的主题——时间之旅。

此 App 中有趣的地方还有很多，如图 5-8 所示。此界面在默认情况下是露出一半的小恐龙在向用户招手，小恐龙边上是一句不明意义的文案"My mom buys my underwear."（我妈妈给我买了内裤。）当用户继续向上拖动时，会发现一只穿着内裤的小恐龙，用户就会马上明白上面这句幽默文案的含义。

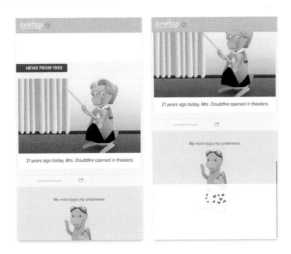

◎ 图 5-8 Timehop 有趣的界面设计示意图（一）

另外，在设置界面顶部向下拖动会有一只摇动的小恐龙（见图 5-9）。用户顺着它的引导不断下拉，拉到头，会发现这是一个对话的气泡，小恐龙说了句"YOU MADE IT TO THE TOP!"（你拉到了顶端！）产品"诙谐有趣"的特质便从这些隐藏于界面细节之中的设计传递给了用户。

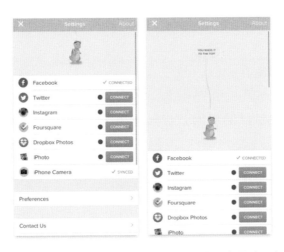

◎ 图 5-9 Timehop 有趣的界面设计示意图（二）

一款产品要想获得用户的青睐，不仅要有强烈的需求、优秀的体验，更重要的是与用户之间有情感上的交流。有时对细节的巧妙设计将会极大地加强用户对产品特质的定位。产品不再是一款由代码组成的冷冰冰的 App，拉近了与用户的情感距离。

2. 情感化设计可以帮助用户化解负面情感

前面提到，情感化设计的目标是让产品在人格层面与用户建立关联，使用户在与产品互动的过程中产生积极的情感。这种情感可以加强用户对产品的认同感，甚至可以提高用户在使用产品遇到困难时的容忍能力。注册和登录是让用户很头疼的流程，它们的出现让用户不能直接使用产品，所以在注册和登录的过程中很容易造成用户流失。巧妙地运用情感化设计可以化解用户的负面情感。

在 Betterment 的注册流程中，在用户输完出生年月日后，系统会在时间下面显示下次生日的日期，一个小小的关怀马上就让枯燥的注册流程有了惊喜（见图 5-10）。

◎ 图 5-10　Betterment 的一个小小的关怀让枯燥的注册流程有了惊喜

在 Readme 的登录界面上，当用户输入密码时，上面萌萌的猫头鹰会遮住自己的眼睛，在输入密码的过程中给用户传递了安全感。Readme 让这个阻挡用户直接体验产品的"墙"变得更有关怀感，用"卖萌"的形象来化解用户在登录时的负面情感（见图 5-11）。

◎ 图 5-11　Readme 的"卖萌"的形象

　　Basecamp 则在注册之中运用了一种更拟人的情感化方式。当用户在表单中输入的文字正确时，边上的卡通人物会开心地指着输入内容，当表单中输入错误时，卡通人物的脸将变成一脸惊讶状（见图 5-12）。

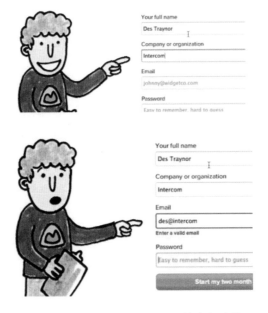

◎ 图 5-12　Basecamp 的卡通人物

注册和登录对一款互联网产品来说是相当烦琐但又不可缺失的部分，这些流程阻碍了用户直接使用产品。对用户来说，这便是在使用产品的时候的"墙"。在这些枯燥的流程中赋予情感化的元素，将大大减少"墙"给用户带来的负面情感，同时提升用户对产品的认同感，使其感受到产品给用户传递的善意与友好。

3. 情感化设计可以帮助产品引导用户的情绪

在产品的一些使用流程中，使用一些情感化的表现形式能为用户的操作提供鼓励、引导与帮助。设计师可用这些情感化的设计抓住用户的注意力，引导用户做出那些有意识或无意识的行为。

在 Turntable.fm 的订阅模式中有一个滑块，代表用户支付的金额。用户付多少钱决定了猴子欣喜若狂的程度。在涉及真金白银的操作中，给用户"卖个萌"也许有奇效（见图 5-13）。

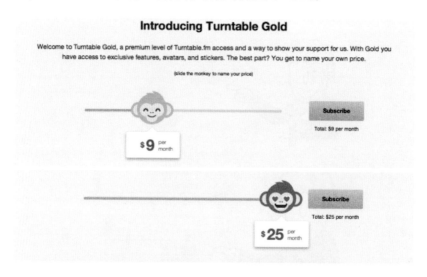

◎ 图 5-13　Turntable.fm "卖萌"的猴子

在 Chrome 浏览器的 Android 版本中，当用户打开了太多的标签时，标签图标上的数字会变成一个笑脸。它用细微的变化友善地对用户的操作进行引导（见图 5-14）。

◎ 图 5-14　Chrome 浏览器用笑脸友善地对用户的操作进行引导

有趣的文案有时比醒目的视觉元素更具有引导用户的作用。当用户在使用 InVision 切换到别的标签时，标签的标题会变成"Don't forget to read this…"（见图 5-15）。

◎ 图 5-15　有趣的文案有时比醒目的视觉元素更具有引导用户的作用

人类是地球上最具情感的动物，人类的行为常常受到情感的驱动。在界面上融入情感化的元素，引导用户的情感，能够更有效地引导用户做出那些有意识或无意识的行为。这种情感化的引导比单纯使用视觉引导会更有效果。

5.4　基于人的行为层次的情感化设计

唐纳德·诺曼认为人类的行为有本能的、行为的和反思的 3 种水平。这 3 种水平部分反映了动物由简单到复杂的进化过程。对简单动物而言，生命是由威胁和机遇构成的连续体，自己必须学会如何对它们做出恰当的反应。其基本的脑回路是：分析情境并做出反应。这一系统与动物的肌肉紧密相连。如果面对的事物是有害的或危险的，动物的肌肉便紧张起来以准备奔跑、进攻，或者变得警觉；如果面对的事物是有利的或合意的，动物的肌肉会放松并利用这一情境。随着不断进化，动物进行分析和反应的脑回路也在逐渐改进，并变得更加成熟。把一段铁丝网围成栅栏放在动物与可口的食物之间，鸡可能被永远地拦住，在栅栏前挣扎却得不到食物，而狗会自然地绕过栅栏得到食物。人类则拥有一个更发达的脑结构，可以回想自己的经历，并和别人交流自己的经历。因此，我们不仅会绕过栅栏得到食物，而且会回想这一过程——仔细考虑这一过程并决定移动栅栏或食物，这样我们下次就不用绕过栅栏了。我们还会把这个问题告诉其他人，这样他们甚至在到那儿之前就知道该怎么做了。

像蜥蜴这样的动物主要在本能水平活动，其大脑只能以固定的程式分析世界并做出反应。狗及其他哺乳动物，则可以进行更高的，即行为水平的分析。因为它们具有复杂和强大的大脑，可以分析情境，并相应地改变行为。对于那些易于学习和掌握的常规操作，理解人类的行为水平理论就显得更为容易些。例如，我们会觉得熟练的表演者胜过普通人是理所当然和有因可循的。

在进化发展的最高水平，人脑可以对自身的操作进行思索。这是反省、有意识思维、学习关于世界的新概念并概括总结的基础。

因为行为水平不是有意识的，所以你可以成功地在行为水平上下意识地走路，同时在反思水平上有意识地思考其他事情。例如，娴熟的钢琴演奏者可以边用手指自如地弹奏，边思考音乐的高级结构。这也是他们能够在演奏时与人交谈，以及有时找不到自己弹奏的地方在乐谱上的位置而不得不聆听自己的弹奏去寻找的原因。此时，反思水平迷失了方向，而行为水平仍然在很好地工作。

这3种水平在人类的日常活动中处处都在发挥作用：坐过山车；用利刃有条不紊地在切菜板上把食物切成块；沉思一部庄重的文学艺术作品。这3种活动以不同的方式影响我们。第一种活动是最原始的，是对坠落、高速度和高度的本能反应，来自本能水平。第二种活动涉及有效运用一个好工具的快乐，指的是一种熟练完成任务后所产生的感受，来自行为水平。这是人们在做某事做得很好时而感受到的快乐，如驾车驶过一段不容易走的路或弹奏一曲复杂的音乐作品。这一活动带来的快乐不同于沉思庄重的文学艺术作品带来的快乐，因为后者来自反思水平，需要进行研究和解释。

这3种水平相互影响的方式很复杂。为了方便应用，唐纳德·诺曼进行了一些很有用的简化。这3种水平的设计可以对应如下的产品特点（见图5-16）。

（1）本能水平的设计——外形。

（2）行为水平的设计——使用的乐趣和效率。

（3）反思水平的设计——满意度、记忆。

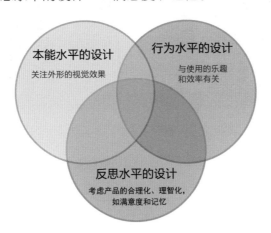

本能水平的设计
关注外形的视觉效果

行为水平的设计
与使用的乐趣
和效率有关

反思水平的设计
考虑产品的合理化、理智化，
如满意度和记忆

● 本能、行为和反思这3个不同维度，在实际生活中是相互交织的。
● 要注意把握将这3个不同维度与认知和情感相交织的过程。

◎ 图 5-16　3 种水平的设计

5.4.1　本能水平的设计

人是视觉动物，对外形的观察和理解出自本能。视觉设计越符合本能水平的思维，就越能让人接受且喜欢。

图 5-17 所示为上海家具品牌吱音设计的传统折扇结构的孔雀灯。孔雀灯的造型灵感来源于我们熟悉的传统折扇。闭合时，它像一个富有手风琴元素的复古台灯；展开后，球形灯泡从半开半合的折页中露出；完全展开后，它状如孔雀的羽尾，折页比较轻薄且有空间感，水滴状的底座则显得沉重平稳。特殊尺寸的灯泡在比例上与折页、底座、灯杆配合，在形态上呼应整体的柔软特质。4 个部件比例和谐，孔雀灯的"势"呈现出优雅轻盈且平稳的美感。

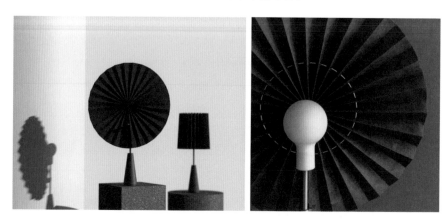

◎ 图 5-17　上海家具品牌吱音设计的传统折扇结构的孔雀灯

在色彩设计方面，它提取了具有中国传统气息的酒红色、藏蓝色与墨绿色，倾向于表达设计灵感来源的折扇所代表的传统审美色彩。后期展会上呈现的是更为现代、极简的黑色与带有材质纹理感的白色。黑白两色更好地呈现了孔雀灯的形态美感，其中暖白给人更亲和的情感体验。

5.4.2　行为水平的设计

行为水平的设计是我们关注最多的，特别是功能性的产品，它十分讲究效用，对它来说最重要的是性能。使用产品是一连串的操作，美观界面带来的良好第一印象能否延续，关键就要看两点：用户是否能有效地完成任务，用户是否有一种有乐趣的操作体验。这是行为水平的设计需要解决的问题。优秀的行为水平设计体现在 4 个方面：功能性、易懂性、可用性和物理感觉。

图 5-18 所示为 Tuk Hammer 设计。其工作原理是加入一个手指保护装置，该保护装置可以兼作指甲钳、刻度尺、水平仪及直角测量工具。该锤子有两个头：用于坚硬表面的钢头和用于柔软表面的橡胶头。该锤子有一个集成的抓取式拔钉器，可防止表面刮擦。

◎ 图 5-18　Tuk Hammer 设计

5.4.3　反思水平的设计

反思水平的设计与物品的意义有关，受到环境、文化、身份等的影响，会比较复杂，变化也比较快。这一层次事实上与用户的长期感受有关，需要建立品牌或产品的长期价值。只有在产品、服务和用户之间建立起情感纽带，通过互动影响用户的满意度、记忆等，才能使其形成对品牌的认知，培养其对品牌的忠诚度，使品牌成为情感的代表或载体。

图 5-19 所示为 A Fine Line 灯具设计。抑郁症是一种现代疾病

和精神疾病，在人口稠密的大都市中普遍存在。该款灯并不寻求治愈抑郁症，而是希望以一种直接的方式提高人们的认识。它的灯光给人的感觉像在与被抑郁症折磨的人对话。它传达出的信息有着强烈的象征意义。电灯开关是由一根类似套索的绳子激活的。当灯灭了，周围一片黑暗时，套索就出现了。然而，当套索被拆开时（通过磁性夹），灯会被打开。设计师通过设计表达出"无论它是被束缚还是被释放，你都能完全控制光和生命"。

◎ 图 5-19　A Fine Line 灯具设计

第 6 章

设计心理学的应用案例

6.1   设计心理学在产品设计中的应用

6.1.1   实物编程积木玩具 CODY BLOCK

CODY BLOCK 积木是一套以蒙台梭利教育哲学为指导理念的木制玩具。设计师将"好玩""直观""贴近生活"作为第一原则。在设计障碍物的位置和小汽车的移动路径的过程中，孩子会思考如何让小汽车顺利通行并到达目的地。通过这种有形的程序设计来启发孩子的编程思维。

此外，设计师还联合插画家进行外观上的图案创作，希望给孩子打造一个趣味、质朴的学习玩伴。

1）造型设计

CODY BLOCK 的套装中包含一辆小汽车和 7 种不同的建筑块，每个组件的造型设计都十分简单友好（见图 6-1）。朴素的几何形态将建筑、小汽车等复杂物品的主要特征进行了概括表现，符合孩子对其的直观认知，同时有助于孩子在触摸积木的过程中探索几何知识。

◎ 图 6-1　CODY BLOCK 造型设计

2）色彩设计

它保留了木材原有的色彩，十分质朴亲和。而表面绘制的插画主要应用红黄蓝三原色，这 3 种颜色代表了色彩最初的纯真，适合应用于儿童、游戏等相关主题。高彩度的红黄蓝颜色结合趣味、直观的图案，能够带来更强的视觉冲击力和童真童趣（见图 6-2）。

◎ 图 6-2　CODY BLOCK 色彩设计

3）材料设计

设计师采用榉木作为产品的主要材料。榉木的木质紧密、较重，因此比较坚固耐久，结构稳定性好。同时，榉木的组织构造斑节较少、较为柔软，易于加工，因此常被用作传统积木玩具的主要材料。

出于对环保理念的坚持，设计师将 CODY BLOCK 的包装材料选定为瓦楞纸板，既能保证包装的机械强度，又能回收利用。

4）功能设计

利用建筑积木表面的方向指示，孩子可以给小汽车发出移动命令。当孩子在布置建筑积木的位置时，也是在为小汽车设定移动方式和移动路径，这种思考问题的方式与编程思维相契合。在编程的过程中，人们往往需要进行排序、调试、构建函数及逻辑。同理，孩子需要为小汽车创建一个指令序列，若是有积木放错位置或在路径中存在缺口，小汽车便无法到达目的地（见图6-3）。通过直观的、实物的"代码"，孩子能够更容易发现序列中的错误并进行调试。将大的移动目标进行拆解，形成一系列短路径设计目标并探索如何实现目标，在这个思考过程中，孩子的逻辑思维能力得到了培养与锻炼。

◎ 图6-3　CODY BLOCK 功能设计

5）技术应用

CODY BLOCK 通过传统积木玩具与 RFID 技术的结合实现了组件之间的信号连接，而无须借助任何手机、电脑等电子设备或应用程序。RFID 即射频识别（Radio Frequency Identification），其基本原理为在阅读器与标签之间进行非接触式的数据通信，以达到识别目标的目的。RFID 技术的应用范围十分广泛，如门禁、物流、防伪等。而在 CODY BLOCK 的技术应用中，小汽车内部嵌入了一个可发射电磁场的天线，以此检测其他积木中内置的标签，并由此完成信息的传递和指令的接收。而 RFID 的无线电频率对于孩子的健康也是无害的。

6.1.2 一汽奔腾 B² Concept 概念车

1）前脸设计

B² Concept 概念车采用了"光影哲学之曲面"设计语言，整体造型时尚且富有科技感。前脸通过汲取中国古代兵器"戈"的灵感设计的大灯，与前进气格栅融为一体；中网处采用黑色饰板并融合 LED 发光带，呈现出较强的科技感与未来感；前保险杠的造型极富动感，采用强大的空气动力学设计原理，弱化了大灯的瞳孔效应，以打造出具有辨识度的家族式特征（见图 6-4）。

◎ 图 6-4　B² Concept 概念车前脸设计

2）侧面设计

B²Concept 概念车采用了四门掀背轿跑车设计风格，整体线条修长且富有动感。尾部方面，该车设计了一个微微上翘的尾翼，贯通式的尾灯也在概念车身上出现，尾灯造型与前大灯相呼应，辨识度非常高。此外，尾部加入了"BESTUNE"的品牌标识，使其拥有更强的层次感（见图6-5）。

◎ 图 6-5　B² Concept 概念车侧面设计

3）内饰设计

该车整体配色淡雅清新，以赛车为设计灵感，采用悬浮式屏幕灯组，同时在车门饰板、中控面板等处均采用菱形元素设计，带来更强的设计感。该车中控台采用了分层设计，上部为一块大尺寸悬浮液晶屏，能够融合仪表盘和中控屏的所有操作与信息。此外，该车转向盘的造型前卫，中央扶手区域还采用了贯通式设计，而在多处细节中加入的菱形元素则提升了内饰的高级感，入目皆是未来的科技感（见图 6-6）。

◎ 图 6-6　B² Concept 概念车内饰设计

6.1.3 Reform 联手 3 家设计工作室改造的宜家 Metod 系列整体橱柜

1. Match 橱柜

1）造型设计

Match 橱柜由大面积的竖长方形柜面构成。柜面没有设置凹槽或手柄，而是以推按的方式开合，使橱柜看起来极具整体感（见图 6-7）。

◎ 图 6-7　Match 橱柜造型设计

2）色彩设计

Match 橱柜的柜面拥有大胆醒目的颜色，有白色、蓝色、肉色、绿色、红色和棕色可供选择。6 种颜色可以混合搭配出富有趣味性、戏剧性、表现力的视觉效果，以适应不同的审美品位和环境氛围。台面可为任一颜色或花纹（见图 6-8）。

◎ 图 6-8　Match 橱柜色彩设计

3）材料设计

Match 橱柜的柜面由 HDPE（高密度聚乙烯）制成。这种材料具有耐用的特性和舒适的触感，易于清洁，可回收利用，通常用于砧板、容器和包装的制造。而 Muller Van Severen 设计工作室善于将 HDPE 应用到家具设计中，形成了品牌独特的设计语言。台面由名为 Calacatta Viola 或 Bianco Caretta 的大理石制成。表面光滑的大理石为设计赋予了华丽的气质，同时与磨砂质感的 HDPE 形成鲜明对比。踢脚线和把手等零部件则为黄铜或不锈钢。两种经久耐用的金属材料为橱柜增添了亮点。

2. Frame 橱柜

1）造型设计

Frame 橱柜的长方形柜面分为上下两层。柜面四周饰有三角形棱边，使柜面呈现中间凹、四周凸的立体几何效果，自然地划分出面板区域（见图 6-9）。

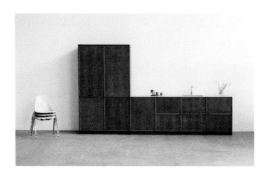

◎ 图 6-9　Frame 橱柜造型设计

2）色彩设计

Frame 橱柜共 3 种色调，分别为淡蓝色、纯白色和深橡木色。淡蓝色款的柜面与台面颜色一致，柔和清新；纯白色款的柜面为纯白色，台面为灰白色，干净简约；深橡木色款的柜面为深棕色，台面为暖白色，质朴沉稳（见图6-10）。

◎ 图6-10　Frame橱柜色彩设计

3）材料设计

Frame橱柜的柜面芯材是一种刨花板，表面和边缘采用欧洲橡木贴面。橡木具有比较鲜明的山形木纹，质地细腻且坚硬，同时耐潮、防腐。但由于成材周期长，橡木价格不菲。而且橡木的水分不容易抽干，在使用的过程中容易开裂。台面由可丽耐制成。它是美国杜邦公司于20世纪60年代中期研发出的人造石板材，具有防磨耐用、不易藏污纳垢、抑制细菌滋生等特点，广泛应用于橱柜台面、洗手台台面、窗台等多个领域。手柄有黄铜和不锈钢两种可选，既耐用又美观。

3．Plate橱柜

1）造型设计

Plate橱柜由上下两层长方形柜面构成。柜面的饰面比芯材高出一些，又与柜体之间存在一定的距离，自然地形成了凹槽，以方便用户拉开或关闭柜门（见图6-11）。

◎ 图 6-11　Plate 橱柜造型设计

2）色彩设计

Plate 橱柜也有 3 种色调可供选择，分别为巧克力色、纯白色和银灰色。巧克力色款为亮光或亚光的巧克力色柜面搭配花色台面；纯白色款为亮光或亚光的白色柜面搭配灰色台面；银灰色款的柜面与台面均为具有金属光泽的灰色（见图 6-12）。

◎ 图 6-12　Plate 橱柜色彩设计

3）材料设计

Plate 橱柜的柜面芯材是 MDF，饰面采用铝板。MDF 即中密度纤维板（Medium Density Fiberboard），是以木质纤维或其他植物纤维为原料，添加脲醛树脂或其他合成树脂，在加热、加压的条件下压制而成的板材。它结构均匀、表面光滑、不易变形、便于加工、成本低廉。铝板具有优良的抗氧化性和防腐蚀性，赋予了这款橱柜坚固耐用的外观。台面由实心不锈钢、比利时花岗岩或波罗的海花岗岩制成。花岗岩结构致密、质地坚硬、耐腐蚀、耐热、抗冻，十分适合用于台面制作。

6.1.4　英国创新型工作室 TŷSyml 的可持续性设计

近年来，随着全球环保和资源节约意识的加强，各国都对环境和能源利用实施了许多条例及法案。但是，相关权威机构的调查显示，能源燃料的消费量和碳排放量仍居高不下，社会对向低碳能源系统加速转型的需求和实际进展的差距逐渐扩大，更多清洁、可持续的能源开发工作仍迫在眉睫。在这样的环境背景下，许多企业和设计师纷纷将关注点投入可持续材料及产品的研发设计上来。

TŷSyml 是英国一家秉持可持续发展理念的工作室。在设计和制造新的产品时，它会考虑产品的整个生命周期，包括材料采购、制造过程和产品使用寿命终止后的回收过程。在理想的情况下，每款产品的材料在使用寿命终止后几乎不会对环境产生负面影响。TŷSyml 还十分重视对传统工艺的保护和传承，在生产与制造时综合运用传统工艺和现代大规模机械化生产工艺。

它开发出了菌丝体复合材料等可持续材料来代替塑料和金属制品，为研发可持续产品和降低碳排放量提供了新的思路。

1. 海藻灯 ALGÂU

海藻灯 ALGÂU 是由海藻中提取的生物聚合物制成的，建立在彭布罗克郡的一个科研项目的基础上（见图 6-13）。该项目是关于当地海滩上海藻利用的研究，设计师将实验的最终成果应用于海藻灯

ALGÂU 的材料中。海藻灯 ALGÂU 的形状受到海滩上原始风格研究的影响。设计师在海滩上制作了灯罩的形状，并在其周围铸造了原始模具。通过将海藻与再生废纸结合，设计师创造了一种原则上 100% 可持续的生物材料。这种组合形成的材料质地类似软木，但十分坚韧耐用。它的触感很强，有一种天然的温暖感，带有淡淡的海洋气息。不同种类的海藻可以使灯具拥有不同的颜色和特性。整个灯造型古朴，具有天然质朴的原始美感。

◎ 图 6-13　海藻灯 ALGÂU

2. 菌丝灯 SILO

菌丝灯 SILO 灯罩是用接种了菌丝的废木料制成的（见图 6-14）。每个灯罩都是由菌丝体在生长过程中产生的，并与废弃材料结合在一个 3D 打印模具中生产。这种产品只需要 5 天的时间就能制成，它的重量非常轻，但结实耐用，使用后还可以较容易地进行分解。每个灯罩都是不同的，因为每个 3D 打印模具在灯罩上都会留下纹理，一些区域长得更多，就会留下更深的线条，长得少的区域则颜色较浅。因此，每个灯具都是独一无二的。

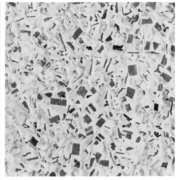

◎ 图 6-14 菌丝灯 SILO

该产品使用的材料——菌丝体是真菌的营养部分，由大量分枝菌丝组成。这些纤维很容易与其他材料结合，尤其是有机材料。这种真菌利用菌丝体通过分泌酶来从周围的环境中提取和吸收营养物质。它能将有机聚合物（在周围的材料中）分解成更小的单体，这样就可以更容易地吸收它们。然后，它就变成了一种纯白色的泡沫状材料，具有良好的热性能、耐火性和重塑性。TŷSyml 设计了一系列方法，能将菌丝体与各种不同的废弃物基质结合。作为商业模式的一部分，该工作室已经确定了来自不同行业的副产品，如木片、锯末和啤酒厂废谷物。通过引入菌丝体，该工作室能够在 5 到 10 天内将这些底物转化为创新材料。在此期间，两种元素（菌丝体和底物）结合在一起形成一种新的材料。这种材料的强度和重量惊人，该工作室宣称它是100% 天然的，废弃后仍可以回收利用，如进行堆肥等。

3. 回收塑料凳

回收塑料凳由一个长方形的凳面和三条凳腿组成（见图 6-15）。凳腿为木质材料，凳面则由回收塑料重新加工制成。用于制作凳面的这些回收塑料均来源于海洋中的塑料垃圾。该凳子的结构非常简易，但是三条凳腿的组合方式和角度极富设计感，让人从任何一个角度看上去都有一种优雅、清新之感，仿佛是拍摄写真时直接摆好的角度。凳面采用凹凸不平的质地和纹理，很好地将回收塑料利用起来而不显突兀，远看时宛若绵羊的毛，给人以宁静、舒适之感。这充分体现了设计师精巧独到的构思和卓越的设计水平。

◎ 图 6-15　回收塑料凳

6.2　设计心理学在网站界面设计中的应用

6.2.1　Airbnb 网站界面细节设计

如果你使用 Airbnb 预订过公寓，那么你会在这个过程中逐步发现这家企业拥有超棒的产品设计团队。这家正在改变整个行业的企业，为用户提供了有趣美好的体验（见图 6-16）。

◎ 图 6-16　Airbnb 网站界面示意图

Airbnb 的这些设计无论是在提升整体的用户体验方面，还是在激励产品增长方面，都起到了积极的作用。

1. 情绪感染

当用户打开 Airbnb 的网页的时候，立刻就会被友好和安全的氛围所包围。我相信，营造这一氛围的影响因素有很多，但有一样绝对是最突出的，也是决定性的，那就是界面中所用的图片。如果你仔细观察 Airbnb 所有的图片，就会发现它的选图规律：绝大多数图片所拍摄的都是几个朋友在幽雅的环境中，微笑着享受生活的情形。这就是典型的"情绪感染"的使用案例。

网络中对于"情绪感染"的解释很直白：它指的是两个个体在情绪上相互影响和传递的趋势，当人们不白觉地、下意识地模仿对方的情感表达方式的时候，他们能够感受到同伴的情绪反射。

当 Airbnb 用无处不在的生活场景和微笑的图片来包围你的时候，你会在潜移默化中被 Airbnb 社区所影响，与那些幸福的旅行者和这个品牌产生情感关联。

实际上，这种手法并不鲜见，许多企业在情感化设计上都堪称得心应手。例如，"Facebook 是如何通过控制用户浏览的新闻来创造情绪反应的"，就能给你不少灵感。

2. 文案驱动情绪

Airbnb 在整个网站的语言使用上极为一致，翻译成中文如"有归属感的世界""属于任何地方""欢迎回家"等。许多文案的遣词造句看起来并没有特别显眼、特别独特，但一定是经过深思熟虑创造出来的。它将过去老套的、模式化的住宿搜索定制为更为情绪化的、个性化的搜索。

永远不要低估文案的力量，它可以为任何体验和活动构建内容。例如，你在做澳大利亚旅游专题的时候，有 3 张悉尼、墨尔本、布里斯班漂亮的照片，你会怎么配上文案呢？"下一次旅行的理想选择"

可能是一个不错的文案，但如果改成"本周顶级独家胜地"，点击量可能会优于前者。因为第二个文案比第一个文案更加突出地表达出了独一无二的价值，能够调动起用户的情绪。

3. 保存以前的搜索结果（见图6-17）

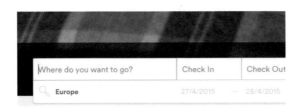

◎ 图6-17　保存以前的搜索结果

例如，你常去的咖啡馆的服务员会记住你点咖啡的习惯，这也是促使你成为这家店会员的重要原因。如果一家店记住了你的需求，并且愿意为你提供定制服务，那你的体验也算得上非比寻常了。

通常，你在一个网站搜索过之后，网站会记录下你在一个时间段内的搜索记录。但是Airbnb的不同之处在于，它会通过在线服务，在用户同意的情况下记录用户所有的搜索记录——即使不是在Airbnb上搜索的记录。虽然这只是一个细节，但是可以窥见Airbnb在打造无缝的浏览体验上的坚持。

4. 在价格上抓住痛点（见图6-18）

◎ 图6-18　在价格上抓住痛点

随着 Airbnb 的成长，每次搜索的列表都有数以千计的结果弹出来，单是选择障碍就足以令用户头疼不已。不过，我们在随后的搜索中发现，Airbnb 开始非常谨慎地用一个条形图来显示房源的价格变动范围，这也就意味着用户不用翻上几百页来筛选了。

5. 列表内图片切换（见图 6-19）

◎ 图 6-19　列表内图片切换

用户在筛选房源和地点的时候，最关注的事情是什么？最关注的是，那个地方实际的样子是否与照片相符。而在 Airbnb 上，每个搜出来的房源和地点的基本信息都很完备。更重要的是，图片都是完整且成组的，用户无须跳转即可直接浏览，方便之极！

6. 列表实时更新

列表实时更新这个功能并非每个网站都添加了，更重要的是具备这一功能的网站将其做得是否好用。而 Airbnb 就做得很不错：当用户搜索出结果的时候，右侧是地图，左侧是列表，当用户在地图上选取不同地点的时候，搜索结果会随之自动更新。只要稍加"脑补"，你就会意识到这绝对是一个深思熟虑的设计，这种额外的交互体验属于意外惊喜。

7．社会认同与限量销售（见图6-20）

◎ 图6-20　社会认同与限量销售

其实，这也是一个颇为经典的技巧。通过限量销售来创造紧迫感，让用户看到有多少人与之竞争。同时，通过数字来创造社会认同感，提升产品销量。

例如，用户第一次在 Airbnb 上查询并预订的时候，由于预订名额不多、房间紧俏，结果可能预订失败。下一次如果用户还想预订这个房间，他会更早预订并做好准备。有的时候人就是这么奇怪，越是得不到的就越想得到。当然，当中的平衡和技巧需要掌控好。

过度的控制可能造成饥饿营销，这并不可取。

8．坚守核心价值观

在特殊的日子里，听到来自世界各地的朋友的问好是一件多么美好的事情。Airbnb 就在为用户做这样的事情。

Airbnb 的创始人布莱恩·切斯基在接受某媒体采访的时候说过，Airbnb 所提供的远不止一个简单的住宿场所，它所提供的是一个帮大家交朋友的地方。

在年底的时候收到一封 E-mail，标题是"同你的 Airbnb 房主每个季节问候一次"，这是增进友谊、构建社区的绝妙提案。这些令人感觉美好的事情也确实能使人产生好感并为之着迷。所以，相比其他相似的网站，用户更愿意在 Airbnb 上预订房间。

9. 动态首页（见图 6-21）

◎ 图 6-21　动态首页

Airbnb 的首页设计有视觉焦点，对于用户的视觉走向也有引导。和许多同类网站不同，Airbnb 将探索的环节省略了，而是专注于让用户沿着网站的视觉走向下意识地浏览下去。

当你搜索过、点击过几个地方，再回到首页的时候，会发现首页已经根据你的浏览记录进行了个性化定制，帮你省去了重新探索的步骤。虽然这种功能算不得起眼，但是你会为这种小改变而惊艳。

这些有意思的细节设计不仅使用户的体验更好，而且拿捏的时机也很好。只要在 Airbnb 上预订过几个房间，搜索过几个城市，你就会发现这是一个令人感到温暖的网站，而你自己也会成为一个温暖的人。

6.2.2　Moooi 网站界面细节设计

这个网站的界面，无论是 UI 设计还是前端制作，其视觉元素都很独特，风格也很有特色，单是网站首页的版式设计就体现了设计师的细腻和创新（见图 6-22 ）。

◎ 图 6-22　Moooi 网站首页示意图

点击"输入"按钮后，用户将进入一段奇妙的视觉之旅（见图 6-23 ）。对于最终的场景布置，设计师可谓花了许多心思。

◎ 图 6-23　点击"输入"按钮带用户进入一段奇妙的视觉之旅

随着场景的结束，鼠标往下探索滚动，将会看到一幕又一幕不同的画卷。每切换一个新场景，都会展示一个完美的动画设计（见图6-24）。

◎ 图6-24 场景与动画设计示意图

网站底部的版式设计十分简明清晰（见图6-25）。

◎ 图 6-25　网站底部的版式设计示意图

检索是这个网站的特色功能。而大大的"菜单"按钮一直悬浮在界面底部，非常方便用户查找信息及界面（见图 6-26）。

◎ 图 6-26　悬浮在界面底部的"菜单"按钮示意图

除电脑端呈现的效果震撼人心外，手机移动端的展示效果也保持了高度一致和良好的用户体验（见图 6-27）。

◎ 图 6-27　与电脑端一致的手机移动端界面设计示意图（英文版）

6.3 设计心理学在广告设计中的应用

6.3.1 Rokid Me "掌上音乐会"广告

Rokid Me 是人工智能公司 Rokid 发布的一款便携智能音箱。该品牌希望通过特殊的方式吸引消费者的关注。创意公司 The Nine 为其打造了一幅 12m×23m 的巨型海报，海报中央是一位沉浸于聆听的少女形象（见图 6-28）。最为特别的是，少女的手臂向外延伸出去，在空中形成了一个巨大的手掌舞台。随后，一个个音乐家陆续登上手掌舞台带来自己的表演，有深沉舒缓的大提琴，有火力全开的说唱，还有清丽婉转的昆曲。The Nine 将一块广告牌变成了现场表演舞台，堪称一次博人眼球的行为艺术。

◎ 图 6-28　Rokid Me "掌上音乐会" 广告

6.3.2 宜家美剧场景化广告

2019 年 5 月，阿联酋宜家联合创意代理商阳狮推出了"宜家真实生活"计划。它们从宜家在售的产品名录中找出了那些差不多的家具款式，并借助 3D 软件，将 3 部经典美剧的客厅布景复刻了出来（见图 6-29 ）。

◎ 图 6-29　宜家美剧场景化广告

这个项目最大的挑战在于选择哪些布景来还原，剧集既要热播，又要能代表一定的流行文化，是一代人的共同回忆。最终，宜家从 60 部候选作品中选择了经典系列动画《辛普森一家》、整整播出过 10 季的《老友记》和科幻恐怖主题的美剧《怪奇物语》。

为了完成这些家具的摆设和照片的后期处理，宜家的广告团队花了整整两个月的时间。宜家这么做，显然是想通过场景化的方式来推销自家产品的基础款，推广自家产品的普适性。

6.3.3 Sheridan 家纺广告

图 6-30 所示为 Sheridan 家纺广告。该品牌将版面中的文字、图形元素以垂直的走向进行排版，富有形式感，给受众一种稳健踏实的视觉感受。该广告将纺织品柔软的特性与自然界完美融合在一起，亦幻亦真，分别形象地表达了：通过赋予老产品新的生命来减少浪费；可持续、可追溯、更持久的织物；再生天丝系列在大自然中不留痕迹的产品环保性。阐述了品牌的诉求：让明天更美好。

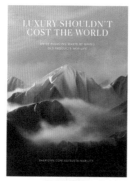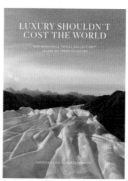

◎ 图 6-30 Sheridan 家纺广告

6.3.4　麦当劳外卖创意广告

麦当劳为其外卖服务制作了几张有趣的海报，海报的主角是一栋栋有着"饥肠辘辘"脸的房子，个个张着"血盆大口"（见图6-31）。房子的外墙看起来就像人饥饿的面孔，通过拟人的表达手法恰当地表达出"通过麦乐送，市民们在家中也能享受钟爱的汉堡和薯条"。

◎ 图 6-31　麦当劳外卖创意广告

另外，为了让这几栋房子的形象更加生动有趣，设计师还制作了动画效果，十分诙谐（见图6-32）。

◎ 图 6-32　广告动画截图

◎ 图6-32 广告动画截图（续）

6.4 设计心理学在包装设计中的应用

6.4.1 可口可乐的酒精可乐系列复古包装设计

可口可乐公司于2019年在英国推出系列产品Signature Mixers酒精可乐，以此正式进军酒精市场。这一系列产品共4种口味，分别是木香味（Woody）、辛辣味（Spicy）、烟熏味（Smoky）和草药味（Herbal）。每种口味都由专业的调酒师调配，专门用来搭配朗姆酒、威士忌等烈酒饮用。为了突显该系列产品的与众不同，可口可乐与品牌代理公司Dragon Rouge合作，为其设计了一套独特的视觉标识，并以标志性的哈钦森瓶为产品包装（见图6-33）。

◎ 图6-33 可口可乐的酒精可乐系列复古包装设计

Signature Mixers 酒精可乐系列的包装与一般可乐的包装有所不同，采用了哈钦森瓶的造型设计（见图 6-34）。哈钦森瓶拥有一个线条笔直的瓶身和一个圆球状的瓶颈，造型简约且富有情调。它是可口可乐 1894 年首款瓶装可乐的包装。尽管可口可乐的成功是在品牌采用著名的沙漏瓶和标志性的红白草书标志之后才实现的，但是这个瓶子代表了可口可乐伟大的诞生。在复古美学和怀旧经济的浪潮下，这款包装设计无疑能激发起消费者强烈的购买和收藏欲望。与此同时，可口可乐将历史悠久的哈钦森瓶用于大胆尝试的酒精可乐的包装，为的是赋予这款产品更加深层的含义：它代表着过去与未来的结合、传承与创新的结合。

◎ 图 6-34　可口可乐的酒精可乐系列复古包装造型设计

Signature Mixers 酒精可乐系列的每款味道都有自己的定制颜色方案：木香味为黄褐色，辛辣味为桃红色，烟熏味为紫棕色，草药味为蓝绿色（见图 6-35）。这些颜色精准地传达出这些味道的色彩意象，让消费者能在脑海里想象出这些味道。瓶盖上的封条通体运用了这 4 款专属颜色，使产品口味一目了然。瓶身上的标签以白色为底色，印有黑色的可口可乐 Logo 和产品信息，突显了这款产品的高端格调。专属颜色则用于产品味道标注及符号点缀。

◎ 图6-35　可口可乐的酒精可乐系列复古包装色彩设计

这款产品沿用了哈钦森瓶的材质——透明玻璃，原因有 4 个。

一是玻璃具有良好的阻隔性能，既可以阻止空气对可乐的侵袭，也可以阻止可乐中二氧化碳的挥发。

二是玻璃具有良好的化学稳定性，不容易与可乐发生化学反应，能让可乐保持原本口味。

三是玻璃瓶厚，传热性能差，能让从冰箱里拿出来的可乐维持更长时间的低温状态。

四是玻璃瓶可以反复回收利用，有助于循环经济模式的建立，遵循了可持续设计的发展理念。

6.4.2　肯德基环保包装设计

肯德基一直致力于环保事业。

1. 可循环餐篮

2018 年 11 月，肯德基推出以"包装减量·环保加分"为主题的减少一次性包装环保行动，提倡消费者在餐厅就餐时，用可循环餐篮代替传统的一次性纸盒、纸袋（见图 6-36）。

◎ 图 6-36　可循环餐篮

在设计上，这款自主研发的餐篮的盛放空间大于传统的一次性包装，消费者在就餐时可以自由拿取食物且易于分享；专门配备的防油垫纸能确保食物卫生，也便于消费者将未享用完的食物打包带走。同时，该餐篮还可以提升配餐效率，缩短消费者的等餐时间。

可循环餐篮的出现改变了消费者传统的就餐习惯。对肯德基来说，如何既达成环保目标又保证消费者的用餐体验，成为行动启动之初面临的关键挑战。为了寻求最佳的解决方案，肯德基历时两年，不仅在餐篮的设计上做了巧思，还重新梳理和优化了相应的餐厅服务流程。

2. 可直接食用的包装纸

2019 年 5 月，肯德基又推出了一款可直接食用的包装纸（见图 6-37）。这是肯德基为"双层炸鸡汉堡"特意打造的。这款汉堡的缺点是，没有面包胚，在食用的过程中，会有油汁流出来造成一些不便。这款可直接食用的包装纸是由奥美（香港）的创意团队开发，以大米为原料制作的。不仅如此，肯德基还将一些条纹图案和有趣的句子印在上面，瞬间提升了消费者对这款汉堡的印象。而包装纸上的文字使用的是可直接食用的墨水，在突显设计新颖的同时，又保证了食物的安全性。

◎ 图 6-37　可直接食用的包装纸

6.4.3 《欢乐斗地主》衍生零食品牌 "地主家的娱粮" 包装设计

　　《欢乐斗地主》与名创优品联名的零食品牌包装，围绕复古国潮、市井文化，用彩度低的鲜艳色彩搭配，其中的 "超级加倍" "欢乐存粮" "欢乐无限" 等文案都是这个游戏中的常见语，其 IP 是游戏中的经典人物，插画的场景设想也很有想象力，且内容的创意十分具有故事性，表达出欢快、活泼的娱乐文化，让人产生品尝的冲动（见图 6-38）。

◎ 图 6-38　《欢乐斗地主》衍生零食品牌 "地主家的娱粮" 包装设计

◎ 图 6-38 《欢乐斗地主》衍生零食品牌"地主家的娱粮"包装设计（续）

6.4.4　泰国矿泉水品牌 4LIFE 包装设计

4LIFE 主打天然矿泉水，其水源来自泰国北部清莱。这里拥有肥沃的天然产物森林，是动物赖以生存和栖息之地。

4LIFE 与国际战略品牌 Prompt Design 合作，为自身打造了全新的包装设计，通过包装不仅向社会表现了其干净的水源，也向消费者传递出自然生态的重要性（见图 6-39）。

◎ 图 6-39　泰国矿泉水品牌 4LIFE 包装设计

在细长的瓶身上，一道道蓝色的线条平铺开来，勾勒出水波之美，蓝色的线条之间加入了与水息息相关的各种动物，有会游泳的老虎、爬行的鳄鱼、飞翔的鸟、悠然自得的水獭……它们在水中自由地游弋，不时激起层层涟漪（见图 6-40）。每个瓶子都有不同的动物和不同的水波特性，这是各种动物和水源之间美好的节奏，因为干净的水源是多元物种能共同生存的根本。

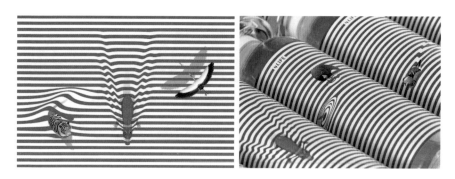

◎ 图 6-40　泰国矿泉水品牌 4LIFE 包装细节设计

瓶身中的画面虽然简单，但生动地展示了动物在水域中的生活状态，时刻提醒着人们，当我们在解决饮水问题的时候，不要忘记，动物也依赖着水源才能生存。

6.5　设计心理学在店铺及陈列设计中的应用

6.5.1　云南白药健康体验店

云南白药从一开始精准切入牙膏领域，到如今在国药品牌中站稳脚跟，其间不断进行升级调整，以求打造更加年轻化、高端化的品牌形象。

云南白药健康体验店内主销自主研发的面膜、牙膏、洗发水及生活常备药等产品，包装上也以新潮时尚示人。健康体验店由一栋古建筑改造而成，设计师以"化茧成蝶"为空间构思，主打年轻化和时尚化的装饰风格，运用朴素的色泽和温暖的色调，营造古时岁月的质感

（见图6-41）。设计师把云南白药逾百年的历史统统装进一栋房子中。一门几窗，守护的正是时代的温度，既带给消费者新鲜的场景化体验，又不影响其对这一国药老字号的信任感。

◎ 图6-41　云南白药健康体验店

6.5.2　喜茶门店

从2012年至今，喜茶在全国构建了"千店千面"的格局。没有固定的店铺装修模板，没有僵硬的混凝土，底色只有两种最具包容性的颜色——白和灰。这样做的好处是，每家喜茶门店都可以融入不同元素的设计风格，以便进行重新定义。

1. 以"色"诱人

高颜值的主题店设计可以说是喜茶的一大特点。2017年，喜茶在深圳开了首家粉色主题店，与品牌以往的灰白简约风形成鲜明对比（见图6-42）。门店整体以粉色为基调，通过粉色道具与软装，将幸福感强烈的色彩语言运用到空间中。这也是喜茶首次跳出中性色彩，从女性角度出发打造的主题店。除让人眼前一亮的色彩外，店内设计也大有来头。Spun Chair 陀螺椅由英国设计师托马斯·赫斯维克设计，粉色靠背椅则出自 ZAOZUO 法国设计师的 Guisset 系列，红色音箱来自丹麦品牌 Bang&Olufsen。

◎ 图6-42　喜茶在深圳开的首家粉色主题店

2. 地域文化

Bloom Design 与喜茶合作的厦门磐基名品中心店以一种全新的、不同于以往的视觉风格诠释了喜茶的品牌精神（见图6-43）。喜茶希望在厦门的山海印象与古老的茶文化之间找到某种关联，深度挖掘茶文化的时代性表达，用年轻化的设计语言传递出喜茶现代禅意精神中的"东方意境之美"。

设计师在门店设计中融入了厦门本土元素，让喜茶有着浓厚的地域文化色彩，并且在空间中大量使用石头、木头等天然元素，带来冷暖、圆润或粗糙的不同触感。为了使消费者可以享受喝茶的纯粹乐趣，设计师在空间中摒弃繁杂的装饰，其质地和色彩都源自材质。

◎ 图6-43　注重表达地域文化的厦门磐基名品中心店

6.5.3　迪拜密室酒吧

这间具有复古未来主义风格的酒吧位于迪拜朱美拉棕榈岛酒店的地下，由 Paolo Ferrari 这个来自加拿大多伦多的工作室负责设计。设计师从世界各地汲取多种灵感，通过复杂的设计手法将另一个时空精巧地铺设在真实的场景空间中，与迪拜特别且多元化的文化背景相契合。

1. 空间营造手法（见图6-44）

酒吧中的点睛之笔是贯穿整个空间的镜子，它在视觉上扩大了封闭的空间。顾客从光线昏暗的走廊来到广阔的多维空间，这个过程似乎完成了一次超乎现实的奇异体验，仿佛将视觉从局限的室内投向了深邃的外太空。地板上的玻璃表面和 LED 灯光的结合是一个特别的挑战，它不仅要保证地面的防滑性，还要保持美感，同时保持醒目的视觉效果。镜面、灯光都让迪拜密室酒吧产生了一份难以言喻的神秘感。

◎ 图 6-44 空间营造手法

2. 功能布局（见图 6-45）

室内以调酒吧台为中心，座位四散在周围，间距较大，减少了局促感。三五个堆在一起的座位和高脚椅满足了不同人群在酒吧中的需求。在酒吧的"地下巢穴"区域，其迸发出的诱惑带领人们领略着对艺术的感知，其中洗手间是整个密室酒吧中最具实验性的区域。

◎ 图 6-45 功能布局

3．色彩与材料设计（见图6-46）

拱形调酒吧台的青铜色使其成为空间中的焦点，其厚重的流线型体量让它成为人们视线范围内极具分量的存在。调酒吧台是用玻璃纤维材质制成的，它基于3D建模技术完成了从内到外的造型塑造，之后从定制的模具中铣制而成，整个造型仿佛一个小型游艇。同样的制造手法也应用在了主持台和DJ台的形体美学中。室内布置的一系列带有基座的饮酒吧台由透明树脂浇筑而成，让人忍不住联想到液体流动时的物理形态，木刻墙壁和熏过的橡木地板则与之形成对比。

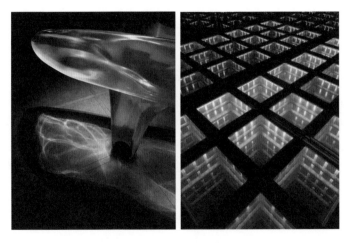

◎ 图6-46　色彩与材料设计

4．装饰陈列（见图6-47）

室内采用达利式的吧台，充满未来感，而室内的软装风格则唤起了人们对20世纪60至70年代的记忆。墙壁、天花板和地面都极具古典风格。整个室内装饰风格的设计灵感来源于库布里克《2001太空漫游》电影末尾的一个场景——路易十四时期的法国卧室，使酒吧内部空间中存在令人难以置信的张力，但又不会让人觉得过于复杂，并且十分明确地展示出了对复古未来主义风格的致敬。

◎ 图 6-47　装饰陈列

6.5.4　Apple Store 北京三里屯店

北京三里屯太古里购物中心的全新苹果门店在设计中充分考虑了本土文化，最大限度地融合了北京特色，设计理念与灵感完全来源于中国传统艺术景泰蓝和宝相花。除在此门店中突出显示"中国风"外，节约能源和重视环保仍然是设计理念中的重点，太阳能电池组的运用即将以此为起点普及亚太地区的其他门店。设计师对景泰蓝和宝相花这两个元素进行了解构、变形与重组，并在此基础上进行了现代化的"中国风"室内设计。

在植物的选用上也充分考虑了因地制宜性和本土风格，在"天才园"种植的绿植也选取了北京市市树——国槐，充满浓厚的中国气息。

1. 门头设计（见图 6-48）

在门店正面高达十米的玻璃幕墙上，印有金色的以景泰蓝和宝相花为基础原色的花纹，看起来有一种隐隐约约的中国京剧风格。在上部的花纹中间印有苹果店标中性的银色 Logo，下方的 Slogan 写着——各显"京"彩，将复杂的花纹与简明的玻璃巧妙地融合在了一起。门店棚顶采用了经典的 MacBook 造型，让广大的"果粉"瞬间充满亲切感。

◎ 图6-48　门头设计

2. 景泰蓝与宝相花的融合（见图6-49）

景泰蓝是中国著名的特种金属工艺品类之一，这种工艺技术制作到明代景泰年间达到巅峰，制作出的工艺品最为精美，故后人称这种金属器为"景泰蓝"。它是一种在铜质的胎型上，用柔软的扁铜丝掐成各种花纹焊上，然后把珐琅质的色釉填充在花纹内烧制而成的器物。

宝相花又称宝仙花、宝莲花，是传统吉祥纹样之一，也是"吉祥三宝"之一，盛行于隋唐时期。宝相花花纹是中国古代传统装饰纹样的一种，它是从自然形象中概括了花瓣、花苞、叶片的完美变形，并在此基础上进行艺术加工组合而成的图案纹样。

◎ 图 6-49　景泰蓝与宝相花的融合

3. 功能布局

商店被分成了上下两层。

一层是零售区、体验区、展示区和商谈室（见图 6-50）。在零售区、体验区和展示区，iPhone、iPad、Mac、Apple Watch、AirPods 等所有苹果产品都有展示，顾客可以随意上手体验，与产品进行多感官的零距离接触。商谈室可以用来为企业家、开发者和其他中小企业客户提供专有的培训与学习空间，满足各种客户的需求。

◎ 图 6-50　一层布局

二层包含互动坊、景廊和天才园（见图 6-51）。互动坊内时常举办线下的"今天在苹果"活动，为顾客设置专属的座椅和大屏幕，艺术家、音乐家和创意人士都可以在这里展示及分享他们的艺术创作过程；景廊设置在互动坊前方，正对门店正门的十米玻璃幕墙，顾客在这里能欣赏到三里屯的室外广场，是一个绝佳的观景平台；天才园取代了原来的天才酒吧，运用更加开放的空间为顾客提供维修与技术支持服务，还设计了开放露台，增加了室内与外部景观的互动。

◎ 图 6-51　二层布局